Heidelberger Taschenbücher Band 20

K. Marguerre

Technische Mechanik

Erster Teil: Statik

Mit 235 Figuren

Springer-Verlag Berlin Heidelberg GmbH 1967

Dr.-Ing. K. MARGUERRE
Professor an der Technischen Hochschule Darmstadt

ISBN 978-3-662-39408-3   ISBN 978-3-662-40470-6 (eBook)
DOI 10.1007/978-3-662-40470-6

Alle Rechte, insbesondere das der Übersetzung in fremde Sprachen, vorbehalten. Ohne ausdrückliche Genehmigung des Verlages ist es auch nicht gestattet, dieses Buch oder Teile daraus auf photomechanischem Wege (Photokopie, Mikrokopie) oder auf andere Art zu vervielfältigen.
© by Springer-Verlag Berlin Heidelberg 1967. Library of Congress Catalog Card Number 67-15617
Titel-Nr. 7550
Ursprünglich erschienen bei Springer-Verlag Berlin Heidelberg New York 1967.

Vorwort

Die drei Bändchen „Technische Mechanik" sind hervorgegangen aus Vorlesungen, die der Verfasser seit 1947 an der Technischen Hochschule Darmstadt im Zweijahreszyklus hält: I = Statik (Statik starrer Körper), II = Elastostatik (Statik elastischer Körper), III = Kinetik (Kinetik starrer Körper). Im jeweils 4. Semester folgt eine Hydromechanik (Statik und Kinetik flüssiger Körper), die der Verfasser bisher aber noch nicht ausgearbeitet hat.

Üblicherweise heißen TM II und TM III „Festigkeitslehre" und „Dynamik". Aber das zweite Wort ist unzweckmäßig, weil Dynamik dem Wortsinn nach auch die Statik (und Elastostatik) umfassen müßte; und das Wort Festigkeitslehre ist irreführend, weil nicht die Festigkeit der Materialien erörtert wird, sondern die Beanspruchung elastischer Konstruktionen.

Die Mechanik ist ein Teil der Physik, aber wie andere Zweige (Thermodynamik, Elektrizitätslehre) wird sie gesondert gelehrt, weil an ihr das *Denken in Formeln* geübt werden soll, genauer: Die Übertragung der physikalischen oder technischen Fragestellung in eine mathematische Formel, das Rechnen mit den Formeln und die Deutung des Ergebnisses:

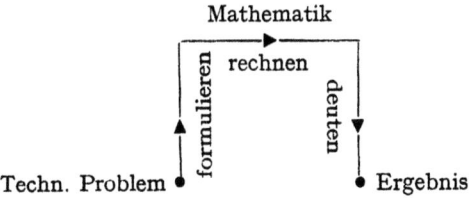

Da sie, von experimentell (d. h. durch Beobachtung der Natur) gewonnenen Tatsachen ausgehend, mit Hilfe der Mathematik Schlüsse zieht, wäre Analytische Mechanik eine sinnvolle Bezeichnung; da die Beispiele aber aus der Technik stammen, hat sich die Bezeichnung Technische Mechanik eingebürgert.

Die Mechanik erfreut sich unter den Ingenieuranfängern eines üblen Rufes: In der Tat ist die Kombination aus Sinn für das Wesentliche eines Problems (der für das Formulieren notwendig ist), mathematischer Gewandtheit (wie sie die Lösung der Gleichungen erfordert) und Fähigkeit, die Endgleichungen zu deuten (d. h. nach Sinngehalt und Gültigkeitsgrenzen zu beurteilen), nicht leicht zu erlernen. Daß der gesunde Instinkt der jungen Menschen sich wehrt gegen die Hinterlist, mit der die Wissenschaft auf dem durch unser Schema angedeuteten Weg der Natur ihre Antworten ablockt, ist verständlich; aber unaufhaltsam geht die Entwicklung in Richtung auf die Mathematisierung der Ingenieurkunst. Das heißt, die Methode $muß$ erlernt werden, und das geschieht trotz der Elektronen am zweckmäßigsten anhand der Mechanik, die uns im täglichen Leben allenthalben umgibt und von der wir daher am meisten innere Anschauung mitbringen. Das Ingenieurstudium mit Rücksicht auf die ständig wachsende Fülle des Stoffes an dieser Stelle zu beschneiden ist wenig ratsam: Niemand würde es gutheißen, wenn man, um einem Haus noch ein Stockwerk aufsetzen zu können, die Steine dem Fundament entnähme.

So versuchen die Bändchen, unter Verzicht auf manches stofflich Reizvolle, das Methodische zu lehren. Ohne Mitarbeit (Aufgaben!) wird der Studierende allerdings nicht viel gewinnen — die Mechanik ist keine Lektüre. Um lesbare Formulierungen war der Verfasser gleichwohl bemüht; sicher würde sich hier in einer späteren Auflage noch manches bessern lassen.

Es ist dem Verfasser ein aufrichtiges Bedürfnis, seinen vielen Helfern zu danken. Zunächst seinen Kollegen KLOTTER und SCHNELL für manchen kritischen Rat, dann seinen früheren und jetzigen Assistenten KL. KUPHAL, R. UHRIG, B. SCHMIDT, D. SCHADE, TH. WEDLICH, H. WÖLFEL, G. HENNING und ganz besonders W. WURMNEST, in dessen Hand — für Band I — das mühsame Geschäft der Korrekturdurchsicht lag. Nicht zuletzt gilt der Dank dem Springer-Verlag, der mit viel Geduld alle Sonderwünsche zu erfüllen bemüht war.

Darmstadt, im April 1967

K. MARGUERRE

Inhaltsverzeichnis

A. Kraft und Gleichgewicht 2

   § 1. Der Begriff der Kraft 2
   § 2. Kräfte in einem Punkt 4
   §§ 3/4. Kräfte in der Ebene. Der Momentenbegriff 10
   § 3. Analytische Formulierung der drei Gleichgewichtsaussagen . 10
   § 4. Graphische Formulierung der drei Gleichgewichtsaussagen . 16
   § 5.[++] Kräfte im Raum; die sechs Gleichgewichtsaussagen 20
   § 6. Flächenmomente erster Ordnung; der Schwerpunkt 26

   Aufgaben zu A 30

B. Auflagerkräfte 34

   § 7. Die Auflagerkräfte eines Tragwerks 34
   § 8. Die Auflagerkräfte beim Mehrgelenkträger 39

   Aufgaben zu B 44

C. Das Fachwerk 47

   § 9. Stabkräfte im ebenen Fachwerk 47
   § 10. Vertikal belastete Träger, insbesondere Parallelträger . . . 53

   Aufgaben zu C 59

D. Der Balken 62

   § 11. Der Mechanismus der Kraftübertragung 62
   § 12. Q- und M-Linien 66

   Aufgaben zu D 74

E.[+] Bogen und Seil 78

   § 13. Die Bogenschnittkräfte; Stützlinie 78
   § 14. Das Seil 86

   Aufgaben zu E 91

F. Arbeit und Energie 93

§ 15. Der Arbeitssatz 93
§ 16. Stabiles und labiles Gleichgewicht 103

Aufgaben zu F 110

G. Haftung und Reibung 113

§ 17. Haftung und Reibung; ebene Unterlage 113
§ 18. Seilhaftung und Seilreibung 122

Aufgaben zu G 125

Sachverzeichnis 129

Die mit „+", erst recht die mit „++" gekennzeichneten Paragraphen können bei einer ersten Lektüre ausgelassen, d. h. als eine Art Anhang angesehen werden.

Berichtigung

S. 22, Zeile 4 von oben lies $\mathfrak{r}=x\,\mathfrak{i}+y\,\mathfrak{j}+z\,\mathfrak{k}$, $\mathfrak{K}=X\,\mathfrak{i}+Y\,\mathfrak{j}+Z\,\mathfrak{k}$
statt $\mathfrak{r}=x\,\mathfrak{j}+y\,\mathfrak{j}+z\,\mathfrak{k}$, $\mathfrak{K}=X\mathfrak{i}+Y\,\mathfrak{i}+Z\,\mathfrak{k}$

S. 36, Zeile 18 von oben lies $\sum M^{(E)}$ statt $\sum {}^{(E)}M$

S. 44, Aufg. 2 lies $\widehat{P}$ statt P

S. 96, Gl. (15.0*) lies $\widehat{K}\,\delta\varphi$ statt $K\,\delta\varphi$

S. 124, Gl. (18.5′) lies $\dfrac{\tilde{r}}{\bar{r}}$ statt $\dfrac{r}{\bar{r}}$

Marguerre, Technische Mechanik I

Statik

A. Kraft und Gleichgewicht

§ 1. Der Begriff der Kraft

Die Kraft ist ein Gedankending, das wir qualitativ durch unser Muskelgefühl „kennen", und das wir *messen* können durch Vergleich mit einer allgegenwärtigen Kraft: dem Gewicht.

Obwohl sich die Kraft der unmittelbaren Beobachtung entzieht (man „merkt" nur ihre Wirkungen: die Deformation einer Feder, die Beschleunigung einer Masse usw.), lassen sich drei Eigenschaften in solcher Weise formulieren, daß man mit der Kraft wie mit einer Größe der Geometrie *rechnen* kann.

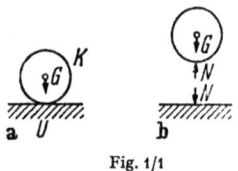

Fig. 1/1

1. Die Erfahrung zeigt, daß man Kräfte nur ausüben kann gegen einen Widerstand. „Kraft" tritt immer paarweise auf: Zur Actio der Hand gegen den Tisch gehört die Reactio des Tisches gegen die Hand. Will man eine Kraft sichtbar machen — zeichnen —, so muß man die beiden Körper (Tisch und Hand) in Gedanken voneinander trennen, wie Fig. 1/1 andeutet: Zwischen dem Körper K und der Unterlage U wirkt eine Kraft N; da sie auf K nach oben, auf U nach unten wirkt, läßt sie sich erst zeichnen, nachdem man, wie in Fig. 1/1b zwischen K und U „geschnitten" hat (free body diagram): Durch den Schnitt erst wird N für K (und für U) zur „äußeren Kraft".

Fig. 1/2

Die Fig. 1/1 bezieht sich auf die Kontakt- oder Nahkräfte. Auch für die Fernkräfte gilt der Satz von der dazugehörigen Gegenkraft: Dem *Gewicht G*, d. h. der Kraft, mit der die Erde einen Körper anzieht, antwortet die Kraft G, mit der der Körper die Erde anzieht (Fig. 1/2). Da diese Kraft aber i. allg. ohne Interesse ist, so gilt für die Kraft G (eine „Fern"-Kraft): Das Gewicht kann man (Fig. 1/1) sofort als äußere Kraft einzeichnen, ohne vorher zu schneiden. Wir formulieren:

Es ist immer Kraft = Gegenkraft (actio = reactio);
Kontaktkräfte werden (nur) durch Schneiden zu „äußeren Kräften";
das Gewicht fassen wir unmittelbar als äußere Kraft auf.

2. Die Erfahrung zeigt, daß die — infolge des Schneidens sichtbar gewordene — Kraft durch ihren Betrag nicht hinreichend gekennzeichnet ist; die Kraft ist eine gerichtete Größe, d. h., zu ihrer Kennzeichnung braucht man in der Ebene zwei Bestimmungsstücke (Betrag und Winkel), im Raum drei (Betrag und 2 Winkel). Größen, die, wie die Temperatur, durch ein Bestimmungsstück festgelegt werden, nennt

man *Skalare*. Die Kraft hat im Gegensatz dazu *Vektor*-Charakter*. Wir formulieren:
Die Kraft hat Betrag und Richtung; sie ist eine Vektorgröße.

3. Die Erfahrung zeigt, daß für die Wirkung der Kraft auf einen Körper nicht nur der Kraftvektor als solcher, sondern auch sein An-

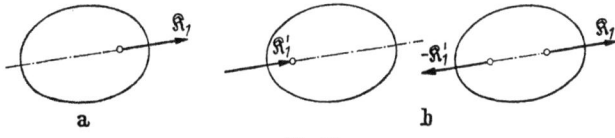

Fig. 1/3

griffspunkt wesentlich ist**: Die Beanspruchung des Körpers Fig. 1/3 hängt durchaus davon ab, ob die Kraft $\mathfrak{K}_1$ zieht, oder die Kraft $\mathfrak{K}_1'$ drückt. Beim *starren Körper*, wo die Formänderungen nicht interessieren, besteht eine wichtige Besonderheit: Hier kommt es nicht auf den Angriffspunkt selbst, sondern nur auf die Wirkungslinie an: Die beiden Kräfte $\mathfrak{K}_1$ und $\mathfrak{K}_1'$ sind gleichwertig; insbesondere wird $\mathfrak{K}_1$ durch $-\mathfrak{K}_1'$ aufgehoben. Dagegen sind $\mathfrak{K}_1$ und $\mathfrak{K}_2$ in Fig. 1/4,

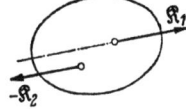

Fig. 1/4

auch wenn sie nach Größe und Richtung übereinstimmen, *nicht* gleichwertig; $\mathfrak{K}_1$ und $-\mathfrak{K}_2$ heben einander nicht auf: Es bleibt eine Drehwirkung auf den Körper.

Wir formulieren:
Der Kraftvektor ist an seine Wirkungslinie gebunden.

Anmerkung: Der dritte Satz gilt in dieser abgemilderten Form (Wirkungslinie statt Angriffspunkt) nur für den starren Körper. Der Begriff des starren Körpers ist eine der vielen Fiktionen der Mechanik. Wenn ein Körper Kräfte überträgt, ohne dabei „merkliche" Formänderungen zu erleiden, ist es für viele Rechnungen erlaubt, von diesen Formänderungen ganz abzusehen, d. h. den Körper als ideal-unverformbar, als „starr" zu betrachten. Dabei hängt die Berechtigung dieser vereinfachenden Annahme ebensosehr von der Aufgabenstellung ab wie von den physikalischen Eigenschaften des Körpers: In der Elastostatik wird, wie wir in TM II sehen werden, derselbe Körper im Verlauf derselben Rechnung einmal als starr, einmal als elastisch-nach-

---

* Skala (lat.) = Leiter; auf ihr werden die „skalaren" Zahlenwerte (die Temperaturgrade auf dem Thermometer) angeordnet. Vektor (lat.) = Träger, Reiter: mathematisch eine gerichtete Größe (wir kennzeichnen sie durch Frakturbuchstaben: $\mathfrak{K}$, $\mathfrak{N}$ usw.).

** *Mathematisch* sind Vektoren stets „freie" Vektoren: Wenn Betrag und Richtung übereinstimmen, sind zwei Vektoren gleich, unabhängig von der Lage.

giebig angesehen. Im gleichen Sinne sind die hier betrachteten *Einzelkräfte* Fiktionen: Kräfte sind in Wirklichkeit immer „verteilt". Ist aber die Kontaktfläche klein gegen die Ausdehnung des Gesamtgebildes, so kann man mit (in einem „Punkt") konzentrierten Einzelkräften *rechnen*.

§ 2. Kräfte in einem Punkt

a) Geometrische Addition, Gleichgewicht. Greifen in einem Punkt mehrere Kräfte an, so kann man ihre „Wirkung" zusammenfassen in der *Resultierenden*. Die Erfahrung lehrt, daß man die Resultierende zweier Kräfte durch das Parallelogramm der Kräfte erhält:

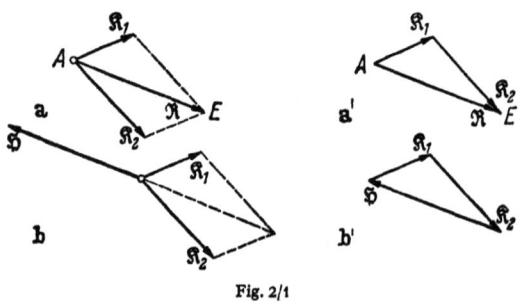

Fig. 2/1

$\Re$ in Fig. 2/1 a ist „gleichwertig" den Kräften $\Re_1$ und $\Re_2$. Gleichwertig heißt: Die Umkehrung von $\Re$, d. h. der Kraftvektor

$$\mathfrak{H} = -\Re$$

hebt die Wirkung von $\Re_1 + \Re_2$ auf (Fig. 2/1 b).

Wie Fig. 2/1 a' zeigt, kann man die Resultierende $\Re$ auch finden, wenn man nur das „halbe" Parallelogramm zeichnet, d. h., wenn man die Strecken $\Re_1$ und $\Re_2$ *geometrisch addiert*; da die geometrische Addition mathematisch identisch ist mit der Vektoraddition, werden Kräfte also addiert wie Vektoren — was die Aussage „Kraft = Vektorgröße" erst sinnvoll macht*.

Das Verfahren der geometrischen Addition hat gegenüber der Parallelogrammkonstruktion einen wesentlichen Nachteil; es macht nicht mehr anschaulich, daß die beiden Kräfte an einem Punkt angreifen. Dem steht der große Vorteil gegenüber, daß es sich unmittelbar auf n Kräfte übertragen läßt: Die n Kräfte werden im „Kräfteplan" a' als Vektoren (in beliebiger Reihenfolge) hintereinander angetragen ($n = 2$ in der Figur); $\Re$ ist der Vektor, der vom Anfangspunkt A zum Endpunkt E des Kräftepolygons weist. Die Fig. 2/1 a'

---

* „sinnvoll" = brauchbar für die Rechnung.

§ 2. Kräfte in einem Punkt

übersetzt sich in die *Vektorgleichung*

$$\mathfrak{R} = \mathfrak{K}_1 + \mathfrak{K}_2, \quad \text{allgemein} \quad \mathfrak{R} = \mathfrak{K}_1 + \mathfrak{K}_2 + \cdots + \mathfrak{K}_n. \tag{2.1}$$

Ganz entsprechend wird aus Fig. 2/1 b die Fig. 2/1 b′; die Feststellung, daß $\mathfrak{H}$ die „Wirkung" der beiden Kräfte $\mathfrak{K}_1$ und $\mathfrak{K}_2$ aufhebt, geht über in die geometrische Aussage: Das Krafteck schließt sich (die Pfeile folgen aufeinander!). Und diese geometrische Aussage ihrerseits ist gleichwertig der Vektorgleichung

$$\mathfrak{K}_1 + \mathfrak{K}_2 + \mathfrak{H} = 0 \tag{2.1′}$$

[die aus (2.1) mit $\mathfrak{H} = -\mathfrak{R}$ folgt].

Wir haben die Größe $\mathfrak{H}$ — wir nennen sie die *Haltekraft* — zunächst eingeführt, um den Begriff der Resultierenden der Anschauung näherzubringen. Aber sie hat eine mindestens ebenso wichtige unmittelbare Bedeutung: Die Fig. 2/1 b und 2/1 b′, und ebenso die Gl. (2.1′), sagen aus, daß die 3 Kräfte $\mathfrak{K}_1$, $\mathfrak{K}_2$ und $\mathfrak{H}$ im *Gleichgewicht* stehen, und immer wieder begegnet uns in der Statik die Aufgabe, aus solchen Gleichgewichtsforderungen unbekannte Kräfte auszurechnen.

Wir betrachten drei Beispiele:

1. An einem Pfahl greifen zwei Kräfte $\mathfrak{K}_1$ und $\mathfrak{K}_2$ an. Wie groß ist $\mathfrak{H}$ (die Kraft, die den Pfahl an eine unbewegliche Unterlage bindet) nach Betrag und Richtung? Die Antwort gibt unmittelbar Fig. 2/1 b′, die wir als Fig. 2/2 c für das spezielle Beispiel noch einmal zeichnen. Statt

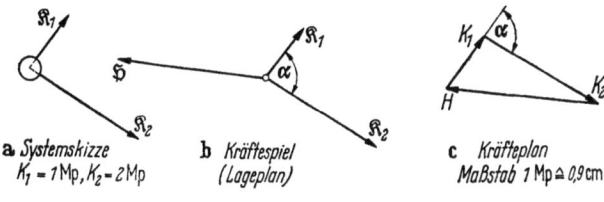

a *Systemskizze*
$K_1 = 1\,\text{Mp}, K_2 = 2\,\text{Mp}$

b *Kräftespiel*
(Lageplan)

c *Kräfteplan*
Maßstab $1\,\text{Mp} \triangleq 0{,}9\,\text{cm}$

Fig. 2/2

H abzulesen (Maßstab!), kann man natürlich auch rechnen: Da man von dem Dreieck K_1, K_2 und α, d. h. 2 Seiten und das Supplement des eingeschlossenen Winkels, kennt, liefert der Kosinussatz:

$$H^2 = K_1^2 + K_2^2 + 2 K_1 K_2 \cos\alpha. \tag{2.2}$$

2. In Fig. 2/2′a wird der Körper K auf der schiefen Ebene durch ein Seil gehalten. Wenn die Ebene glatt ist, wirken auf den Körper außer dem (nach Betrag und Richtung bekannten) Gewicht G zwei Kräfte, die Seilkraft $\mathfrak{S}$ und die Normalkraft $\mathfrak{N}$, deren Richtungen bekannt, deren Beträge aber unbekannt sind. In Fig. 2/2′c sind G und die Winkel α, β gegeben; der Kräfteplan bestimmt von $\mathfrak{N}$ und $\mathfrak{S}$ Betrag und

Vorzeichen (Pfeilspitzen!). Rechnerisch erhält man die Kraftbeträge N und S, da im Dreieck 2/2'c eine Seite und zwei Winkel bekannt sind, aus dem Sinussatz; z. B. ist

$$S/G = \sin\alpha/\sin\left(\frac{\pi}{2} - \alpha + \beta\right) = \sin\alpha/\cos(\alpha - \beta). \qquad (2.2')$$

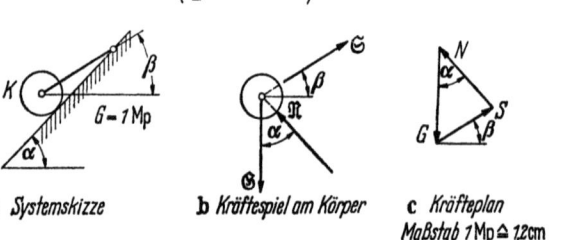

a Systemskizze   **b** Kräftespiel am Körper   **c** Kräfteplan
                                                    Maßstab 1 Mp ≙ 1,2cm

Fig. 2/2'

3. Die beiden Gewichte Q_1, Q_2 halten das Gewicht P, wie stellen sich die Seile ein? In § 3 wird gezeigt werden, daß die am Punkt A angreifenden Seilkräfte $S_i = Q_i$ sind. Im Kräfteplan Fig. 2/2''c ergibt

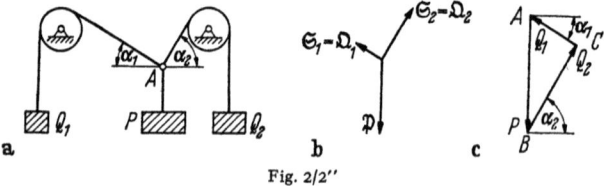

Fig. 2/2''

sich der Punkt C daher als der Schnittpunkt zweier Kreise mit den Radien Q_1 und Q_2; an dem Dreieck liest man die Winkel α_1 und α_2, d. h. die Seilrichtungen, ab. Rechnerisch erhält man α_1, α_2 mit Hilfe des Kosinussatzes:

$$\sin\alpha_1 = \frac{P^2 + Q_1^2 - Q_2^2}{2PQ_1}, \quad \sin\alpha_2 = \frac{P^2 + Q_2^2 - Q_1^2}{2PQ_2}. \qquad (2.2'')$$

Die drei Konstruktionen (2/2, 2/2', 2/2'') lösen die geometrische Aufgabe, aus 3 Bestimmungsstücken ein Dreieck zu zeichnen. Die erste Aufgabe bestimmt aus 2 Längen und einem Winkel die dritte Seite nach Größe und Richtung; die zweite bestimmt 2 Längen aus einer Seite und den anliegenden Winkeln, die dritte die Winkel aus 3 Längen. In allen drei Fällen bestimmt die Konstruktion *zwei* Größen (Längen oder Winkel) aus den übrigen.

b) Komponentendarstellung. Wie man Kräfte vektoriell zusammenfügen kann, so kann man auch eine Kraft in Teilkräfte oder „Komponenten" zerlegen. Für viele Rechnungen ist es zweckmäßig,

§ 2. Kräfte in einem Punkt

Komponenten zu wählen, die aufeinander senkrecht stehen (Fig. 2/3). Indem man nun als neue Größen die Richtungszeiger oder Einheitsvektoren i (nach rechts) und j (nach oben) einführt, kann man für die Komponenten schreiben

$$\mathfrak{X} = X\,\mathfrak{i}; \qquad \mathfrak{Y} = Y\,\mathfrak{j}, \qquad (2.3)$$

und für $\mathfrak{R}$ daher

$$\mathfrak{R} = X\,\mathfrak{i} + Y\,\mathfrak{j} \qquad \mathfrak{j} \perp \mathfrak{i}. \qquad (2.3')$$

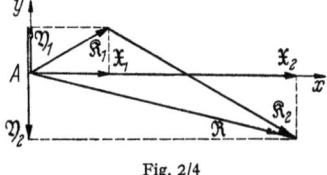

Fig. 2/3

X und Y sind die Maßzahlen der Komponenten; gewöhnlich spricht man (ungenau, aber kürzer) von X, Y — statt von $\mathfrak{X}, \mathfrak{Y}$ — als den Komponenten. Es ist

$$X = K \cos\varphi, \qquad Y = K \sin\varphi,$$
$$K = \sqrt{X^2 + Y^2}, \qquad \tan\varphi = Y/X. \qquad (2.3'')$$

Statt der Kräfte $\mathfrak{R}_1$ und $\mathfrak{R}_2$ kann man auch die Teilkräfte addieren:

$$\mathfrak{R} = \mathfrak{R}_1 + \mathfrak{R}_2 = \mathfrak{X}_1 + \mathfrak{X}_2 + \mathfrak{Y}_1 + \mathfrak{Y}_2;$$

anders geschrieben:

es ist $\mathfrak{R}_1 = X_1\,\mathfrak{i} + Y_1\,\mathfrak{j},$
$\phantom{\text{es ist }}\mathfrak{R}_2 = X_2\,\mathfrak{i} + Y_2\,\mathfrak{j},$

also $\mathfrak{R} = (X_1 + X_2)\,\mathfrak{i} + (Y_1 + Y_2)\,\mathfrak{j};$

d. h., für die „Komponenten" von $\mathfrak{R}$ gilt

$$X_R = X_1 + X_2, \qquad Y_R = Y_1 + Y_2, \qquad (2.4)$$

die gewöhnliche Addition. In dem Beispiel Fig. 2/4 ist Y_2 negativ und absolut größer als Y_1; die y-Komponente von $\mathfrak{R}$ ist daher nach unten gerichtet ($Y_R < 0$).

Sind X_H und Y_H die Komponenten der Haltekraft $\mathfrak{H} = -\mathfrak{R}$, so gilt

Fig. 2/4

$$\mathfrak{R}_1 + \mathfrak{R}_2 + \mathfrak{H} = 0 = (X_1 + X_2 + X_H)\,\mathfrak{i} + (Y_1 + Y_2 + Y_H)\,\mathfrak{j},$$

d. h., die Gleichgewichtsbedingung lautet

$$X_1 + X_2 + X_H = 0,$$
$$Y_1 + Y_2 + Y_H = 0,$$

$$\text{allgemein } \sum_{i=1}^{n} X_i = 0, \quad \text{kurz } \sum X = 0,$$
$$\text{allgemein } \sum_{i=1}^{n} Y_i = 0, \quad \text{kurz } \sum Y = 0. \qquad (2.5)$$

Aus den beiden Gln. (2.5) kann man genau zwei Unbekannte bestimmen. Wir betrachten noch einmal die Aufgaben Fig. 2/2:

Aus (2.5) folgen unmittelbar die Komponenten X_H, Y_H der Haltekraft — deren Betrag H sich in Fig. 2/2 aus dem Kosinussatz ergab.

Für Fig. 2/2'b lautet (2.5):

$$\overrightarrow{\sum} X = 0, \quad \text{kurz} \quad \rightarrow: S\cos\beta - N\sin\alpha = 0, \quad | \cos\alpha$$
$$\uparrow \sum Y = 0, \quad \text{kurz} \quad \uparrow: S\sin\beta + N\cos\alpha - G = 0. \quad | \sin\alpha \qquad (2.6)$$

Multipliziert man wie angedeutet und addiert, so folgt:

$$S\cos(\alpha - \beta) - G\sin\alpha = 0, \qquad (2.6')$$

d. h. das Ergebnis (2.2'). — Die Beziehung (2.6') kann man auch „direkt" erhalten [d. h. ohne den Umweg über die Elimination (2.6)], wenn man die Richtungen x, y geschickt wählt. (2.6') ist, wie man unmittelbar erkennt, die Gleichgewichtsaussage für die zu N senkrechte Richtung; eine Aussage „$\sum X = 0$", wobei x die Richtung der schiefen Ebene hat.

Für Fig. 2/2''b lautet (2.5):

$$\rightarrow: -Q_1 \cos\alpha_1 + Q_2 \cos\alpha_2 = 0,$$
$$\uparrow: Q_1 \sin\alpha_1 + Q_2 \sin\alpha_2 - P = 0. \qquad (2.7)$$

Da jetzt die Winkel gesucht sind, müssen wir anders eliminieren als in (2.6). Aus

$$Q_2 \cos\alpha_2 = Q_1 \cos\alpha_1,$$
$$Q_2 \sin\alpha_2 = P - Q_1 \sin\alpha_1$$

folgt durch Quadrieren und Addieren:

$$Q_2^2 = Q_1^2 + P^2 - 2PQ_1 \sin\alpha_1, \qquad (2.7')$$

d. h. das Ergebnis (2.2'').

c) **Beispiel: Der Stabzweischlag.*** Wie groß sind in dem „Fachwerk" Fig. 2/5a die Stabkräfte S_1, S_2?

In Fig. 2/5b ist der Knoten mit den drei Kräften gezeichnet (statt der Vektoren sind stellvertretend die Beträge angeschrieben), Fig. 2/5c

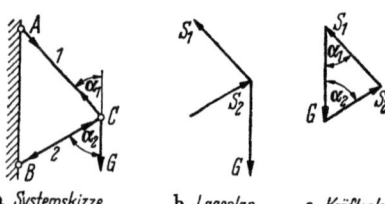

a *Systemskizze*   b *Lageplan*   c *Kräfteplan*

Fig. 2/5

---

* Siehe hierzu § 9.

§ 2. Kräfte in einem Punkt

ist das Krafteck. S_1 und S_2 ergeben sich aus der Forderung, daß das Krafteck sich schließt. Daraus folgt „analytisch":

$$\rightarrow: \; -S_1 \sin\alpha_1 + S_2 \sin\alpha_2 = 0, \qquad \uparrow: \; S_1 \cos\alpha_1 + S_2 \cos\alpha_2 - G = 0, \tag{2.8a}$$

„geometrisch":

$$\frac{S_1}{G} = \frac{\sin\alpha_2}{\sin(\alpha_1 + \alpha_2)}, \qquad \frac{S_2}{G} = \frac{\sin\alpha_1}{\sin(\alpha_1 + \alpha_2)}, \tag{2.8b}$$

d. h. beide Male

$$S_1 = G \frac{\sin\alpha_2}{\sin(\alpha_1 + \alpha_2)}, \qquad S_2 = G \frac{\sin\alpha_1}{\sin(\alpha_1 + \alpha_2)}. \tag{2.9}$$

Mathematisch ist die Aufgabe Fig. 2/5 identisch mit der Aufgabe Fig. 2/2'. Wir haben sie hier trotzdem noch einmal behandelt als Beispiel für ein Tragwerk, dessen *Stabkräfte* bestimmt werden sollen. Diese Kräfte ergeben sich aus der Gleichgewichtsforderung für den Knoten: Die Pfeile stellen die Kraftwirkung der Stäbe auf den Knoten dar. Auf Grund einer allgemein akzeptierten Konvention ist es erlaubt, diese Pfeile unmittelbar in Fig. 2/5a einzutragen, d. h. auf Fig. 2/5b zu verzichten; im Beispiel *zieht* S_1, und S_2 *drückt*, die Gegenkräfte werden vom Knoten auf die Stäbe ausgeübt. Es ist sinnvoll, auch gleich den Pfeil am anderen Ende der Stäbe einzutragen, die Kräfte also, mit der die Stäbe auf die Stütz-„Knoten" A und B wirken. Aus der Figur entnimmt man die einfache Regel:

Zugstab   *Druckstab*

Für die Rechnung sind die in Fig. 2/5b oder 2/5a für S_1, S_2 gewählten Pfeile wesentlich; hätte man für beide Stützen Zug angenommen (Fig. 2/6b), so würde sich ergeben haben:

$$\bar{S}_1 = G \frac{\sin\alpha_2}{\sin(\alpha_1 + \alpha_2)}, \qquad \bar{S}_2 = -G \frac{\sin\alpha_1}{\sin(\alpha_1 + \alpha_2)}. \tag{2.9'}$$

$\bar{S}_2$ wird negativ, d. h., der wirkliche Pfeil ist dem angenommenen entgegengerichtet. Man kann die S-Pfeile für das Knotengleichgewicht (Fig. 2/5b oder 2/6b) also beliebig annehmen*; die Rechnung führt von selbst zum richtigen Ergebnis. Für die rechnerische Behandlung komplizierterer Fachwerke ist es daher zweckmäßig, unabhängig vom mutmaßlichen Ergebnis, S immer als Zug einzuführen — ein Minuszeichen im Ergebnis zeigt dann an, daß der Stab Druck erhält.

Fig. 2/6b

Die analytische wie die geometrische Lösung werden sinnlos im Grenzfall $\alpha_1 + \alpha_2 = 180°$, wenn also die Stäbe „keinen" Winkel miteinander bilden. In diesem Fall kann man die Stabkraft nur unter

---

* Nicht natürlich den G-Pfeil — der liegt, da das Gewicht eine *gegebene* Kraft ist, fest.

Berücksichtigung der *Verformungen* bestimmen — die Fiktion des starren Körpers ist für dieses Gebilde unzulässig. Da aber solche Gebilde (wegen der großen Verformungen) technisch nicht brauchbar sind, bleibt als Prinzip bestehen: Für die Berechnung des „normalen Fachwerks" vom Typ der Fig. 2/5 können die Stäbe als starr angesehen werden.

§§ 3/4. Kräfte in der Ebene. Der Momentenbegriff

Bisher haben wir Kräfte betrachtet in einem Punkt; alle Wirkungslinien gingen durch diesen Punkt. Wenn wir nun zu Kräften $P_1, P_2, \ldots$ übergehen, die irgendwo an der starren Scheibe angreifen, so müssen wir die Lage der Wirkungslinien $p_1, p_2, \ldots$ gegeneinander ausdrücklich festlegen. Am nächsten läge es, ihre (senkrechten) Abstände $h_1, h_2, \ldots$ von einem Punkt O anzugeben; so geht man im wesentlichen auch vor: nur daß man nicht den Abstand selbst, sondern das Produkt Abstand mal Kraftbetrag zur Kennzeichnung verwendet. Diese neue Größe

$$M_i = h_i P_i$$

nennt man das Moment der Kraft P_i bezüglich O (Fig. 3/0).

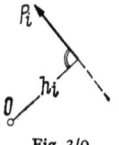
Fig. 3/0

§ 3. Analytische Formulierung der drei Gleichgewichtsaussagen

Die starre (ebene) Scheibe Fig. 3/1 hat *drei* Freiheitsgrade der Bewegung (drei Bewegungsmöglichkeiten): die beiden Verschiebungen x und y eines ihrer Punkte, und die Drehung φ um diesen Punkt. Soll die Scheibe unter dem Einfluß einer Kräftegruppe im Gleichgewicht, d. h. sollen die Kräfte so verteilt sein, daß die Scheibe sich *nicht* bewegt, so muß außer

$$\sum X = 0, \quad \sum Y = 0 \tag{3.1}$$

Fig. 3/1

noch eine dritte Bedingung, der Momentensatz ($\sum M = 0$), erfüllt sein.

a) Parallele Kräfte; der Hebelsatz (= Sonderfall des Momentensatzes). Wir betrachten die „Scheibe" Fig. 3/2, an der in den Punkten A, B zwei parallele Kräfte vom Betrag P_1 und P_2 vertikal angreifen. Wo, an welchem Punkt C, muß man die Haltekraft H anbringen, wenn Gleichgewicht bestehen soll? Die Erfahrung zeigt, daß der Punkt C festgelegt ist durch die Forderung

$$a P_1 = b P_2, \tag{3.2}$$

§ 3. Analytische Formulierung der drei Gleichgewichtsaussagen

den Hebelsatz von Archimedes. Das Produkt Hebelarm mal Kraftbetrag, wobei der Hebelarm („Abstand") senkrecht zur Wl (Wirkungslinie) der Kraft gemessen wird, ist das Moment. Die Forderung (3.2) ist der Sonderfall des *Momentensatzes der ebenen Statik*, der als dritte Gleichung neben (3.1) tritt. Zählen wir eine der beiden Drehrichtungen, z. B. ↺ als positiv, die andere als negativ, so kann man statt (3.2) auch schreiben

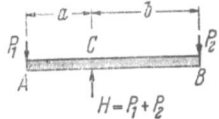

$$\sum M^{(C)} \equiv a P_1 - b P_2 + 0 \cdot H = 0 \qquad (3.2')$$

Fig. 3/2

(H hat bezüglich C den Hebelarm Null). Es ist nun von besonderer Wichtigkeit, daß man den Momentensatz für *irgendeinen* Punkt aussprechen darf und immer zu derselben Hebelaussage gelangt. Bilden wir z. B. $\sum M^{(A)}$, so ergibt sich

$$0 \cdot P_1 + a H - (a + b) P_2 = 0; \qquad (3.2'')$$

da wegen (3.1) $H = P_1 + P_2$ ist, so folgt wieder (3.2) — und so für jeden Bezugspunkt.

b) Nichtparallele Kräfte. α) *Gleichgewicht einer Rolle.* Das Verhältnis der beiden an einer Rolle im Gleichgewicht stehenden Seilkräfte, Fig. 3/2', ergibt sich in besonders einfacher Weise aus dem Momentensatz. Wenn das Seil die Rolle haftungsfrei berührt, so geht die Resultierende der zwischen Seil und Rolle wirkenden verteilten Kräfte durch den (festen) Rollenmittelpunkt, und aus dem Momentensatz für diesen Punkt folgt dann $r S_1 = r S_2$, d. h.,

Fig. 3/2'

$$S_2 = S_1. \qquad (3.3)$$

Von dieser Tatsache hatten wir in Fig. 2/2" Gebrauch gemacht.

β) *Komponentendarstellung.* Wollen wir den Momentensatz erweitern auf nichtparallele Kräfte, die irgendwie an der starren Scheibe angreifen, so zerlegen wir die

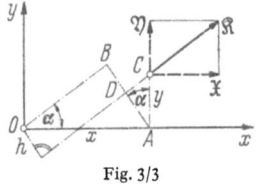

Fig. 3/3

Kräfte zweckmäßig in Komponenten. Das Moment einer im Punkt $C(x, y)$ der Fig. 3/3 angreifenden Kraft $\mathfrak{K}$ bezüglich O ist (↺ positiv gezählt)

$$M^{(O)} = h K.$$

Nun ist aber

$$h = \overline{AB} - \overline{DA} = \overline{OA} \sin\alpha - \overline{AC} \cos\alpha$$
$$= x \sin\alpha - y \cos\alpha.$$

Setzen wir das ein, so folgt:

$$M^{(O)} = x \sin\alpha\, K - y \cos\alpha\, K = x\, Y - y\, X, \quad (3.4)$$

worin X, Y die Beträge der Komponenten $\mathfrak{X}, \mathfrak{Y}$ sind; M ist die „Summe" der Momente der Komponenten ($\mathfrak{X}$ dreht rechts herum, daher das negative Zeichen). Ein solcher Summensatz gilt auch für nichtrechtwinklige Teilkräfte, und er gilt auch für beliebig viele. Für zwei Teilkräfte ergibt sich nach Fig. 3/3′:

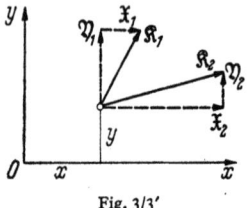

Fig. 3/3′

$$M_1^{(O)} = x\, Y_1 - y\, X_1,$$
$$M_2^{(O)} = x\, Y_2 - y\, X_2,$$
$$\overline{M_1^{(O)} + M_2^{(O)} = x(Y_1 + Y_2) - y(X_1 + X_2).}$$

Rechts steht

$$x\, Y_R - y\, X_R \equiv M_R^{(O)},$$

und da man dasselbe für n durch einen Punkt P gehende Kräfte anschreiben kann, gilt also

Summe der Momente (der Einzelkräfte)
= Moment der Summe (der Einzelkräfte). (3.4*)

Dabei ist „Summe" beide Male geometrisch gemeint, rechts als „Resultierende", links mit Vorzeichen.

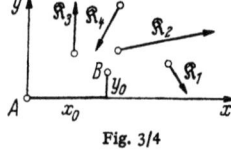

Fig. 3/4

c) Wahl des Momentenbezugspunktes.
Mit Hilfe des Satzes (3.4*) ist es leicht, die Beobachtung am Hebel zu verallgemeinern: daß man den Bezugspunkt beliebig wählen kann und immer wieder die *eine* Momentenaussage erhält. Für die Kräfte in Fig. 3/4 gelte

$$X_1 + X_2 + X_3 + X_4 \equiv \sum X_i = 0, \quad \sum Y_i = 0,$$

und

$$\sum M_i^{(A)} \equiv \sum (x_i\, Y_i - y_i\, X_i) = 0.$$

Dann ist

$$\sum M_i^{(B)} \equiv \sum (x_i - x_0)\, Y_i - \sum (y_i - y_0)\, X_i$$
$$= \sum (x_i\, Y_i - y_i\, X_i) - x_0 \sum Y_i + y_0 \sum X_i.$$

Da alle drei Summen verschwinden, ist also

$$\sum M_i^{(B)} = 0.$$

Natürlich folgt umgekehrt aus $\sum X_i = 0$, $\sum Y_i = 0$, $\sum M_i^{(B)} = 0$ auch $\sum M_i^{(A)} = 0$, ja man kann auch z. B. $\sum Y_i = 0$ aus $\sum X_i = 0$, $\sum M_i^{(A)} = 0$, $\sum M_i^{(B)} = 0$ folgern — und davon macht man häufig Gebrauch, weil eine geschickte Wahl des Bezugspunktes die Rechnung sehr erleichtern kann.

§ 3. Analytische Formulierung der drei Gleichgewichtsaussagen

d) Über die Zahl der Haltekräfte. Das Ergebnis der Abschnitte a) bis c) ist: Eine ebene Scheibe hat *drei* Bewegungsmöglichkeiten; sie wird *nicht* bewegt, wenn die an ihr angreifende Kräftegruppe *drei* Bedingungen genügt:

$$\sum X = 0, \quad \sum Y = 0, \quad \sum M = 0. \tag{3.5}$$

Daraus folgt: Enthält die Kräftegruppe drei unbekannte Haltekräfte (wobei Betrag oder Richtung oder Lage unbekannt sein können), so hat man so viele Gleichungen wie Unbekannte; in diesem Fall lassen sich die unbekannten Stützgrößen (z. B. Fig. 3/5) aus den drei statischen Gln. (3.5) also bestimmen, und man nennt die Scheibe dann „statisch bestimmt" gehalten (statisch bestimmt „gelagert"). Hat man weniger Stützen, so ist die Scheibe beweglich [wenn sie unter einer besonderen Kräftegruppe — die von selbst einige der Gln. (3.5) erfüllt — natürlich auch unbewegt bleiben kann]. Hat man mehr, so ist die Stützung statisch „unbestimmt", d. h., die

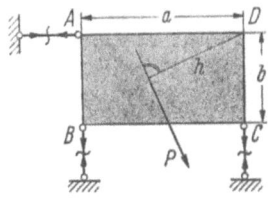

Fig. 3/5

Stützkräfte können mit Hilfe der drei statischen Grundgleichungen allein nicht mehr berechnet werden*. (Man muß dann Aussagen zu Hilfe nehmen, die wir in TM II, der Elastostatik, kennenlernen werden.)

Im Falle der Fig. 3/5 lauten die drei Gln. (3.5)

$$\begin{aligned} \rightarrow: \quad -A + P_x &= 0, \\ \downarrow: \quad B + C + P_y &= 0, \\ \widehat{\sum} M_i^{(D)} = 0, \quad \text{kurz} \quad \widehat{D}: \quad aB + hP &= 0 \end{aligned} \tag{3.6}$$

oder als Gleichungs-„system" geschrieben

$$\begin{array}{|ccc|l} A & B & C & \\ \hline -1 & 0 & 0 & = -P_x, \\ 0 & 1 & 1 & = -P_y, \\ 0 & a & 0 & = -hP. \end{array} \tag{3.6'}$$

Das Koeffizientenschema ist extrem simpel, weil wir sehr spezielle Stützkraftrichtungen haben.

Die Frage drängt sich auf: Lassen sich die Haltekräfte immer ausrechnen? Mathematisch ist die Antwort einfach: Drei lineare Gleichungen für drei Unbekannte haben eine eindeutige Lösung, solange die

---

* Die Bezeichnung „statisch bestimmt" ist sprachlich nicht glücklich. Besser wäre „statisch bestimmbar" — aber im Sprachgebrauch hat, wie so oft, die Kürze über die Logik gesiegt.

14 A. Kraft und Gleichgewicht

Determinante Δ des Gleichungssystems von Null verschieden ist. Was bedeutet aber die „Entartung" $\Delta = 0$ mechanisch? Sie sagt etwas aus über die Koeffizienten, d. h. über die relative Lage der Haltekräfte. Und zwar bedeutet $\Delta = 0$: Die W-linien gehen durch einen Punkt. Denn fiele z. B. die Wl des Lagers B in der Richtung BD, so würde der Momentensatz bezüglich D lauten:

$$0\,A + 0\,B + 0\,C = h\,P. \qquad (3.6'')$$

Δ wäre Null, weil eine Zeile verschwindet; A, B, C ließen sich (auch für $h = 0$) nicht mehr ausrechnen. Die Scheibenstützung wäre wackelig, genauer gesagt: erlaubte eine „kleine" Drehung um D. (Nach einer „großen" Drehung würden die Stützstabwirkungslinien nicht mehr durch einen Punkt gehen — aber eine solche Stützung ist in der Statik naturgemäß nicht zulässig.)

Natürlich dürfen die Stützenwirkungslinien auch nicht parallel sein (mathematisch: sich in „einem" unendlich fernen Punkt treffen). Wäre auch A in Fig. 3/5 vertikal gerichtet, so würde diesmal die erste Gleichung „entarten":

$$0\,A + 0\,B + 0\,C = -P_x.$$

Wieder wäre $\Delta = 0$.

Natürlich kann man die Gleichwertigkeit von „$\Delta = 0$" und „W-linien durch einen Punkt" *allgemein* beweisen, was uns hier aber zu tief in die lineare Algebra führen würde.

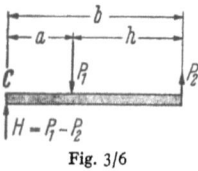

Fig. 3/6

e) **Das Kräftepaar.** Wir kehren noch einmal zurück zum Hebel mit zwei parallelen Kräften, wollen nun aber annehmen, daß die Kräfte P_1, P_2 $(P_1 > P_2)$ entgegengesetzte Zeichen haben (Fig. 3/6). Der Hebelsatz (3.2), der den Haltepunkt C festlegt, bleibt unverändert, nur daß a, b diesmal von C aus nach derselben Seite gezählt werden. Aus der Formulierung (3.2″) wird

$$a\,H - h\,P_2 = 0, \quad \text{mit} \quad H = P_1 - P_2;$$

daraus folgt

$$a = h\,\frac{P_2}{P_1 - P_2}. \qquad (3.7)$$

Für $P_2 \to P_1 \equiv P$ rückt C ins Unendliche. Man kann daher der speziellen Kräftegruppe $[P, -P]$ nicht durch eine Einzelkraft das Gleichgewicht halten. Das *Kräftepaar* $[P, -P]$ ist ein neues Element.

Wir zählen die Eigenschaften dieses „Elements" auf:

1. *Kennzeichnend* für das am starren Körper wirkende Kräftepaar ist nicht P oder h oder beides, sondern nur das *Produkt*

$$\widehat{P} = h\,P. \qquad (3.8)$$

§ 3. Analytische Formulierung der drei Gleichgewichtsaussagen 15

Ist in Fig. 3/6' nicht h, sondern der Abstand a der Kraftangriffspunkte gegeben, so gilt

$$\hat{P} = (a \sin \alpha) P = a (\sin \alpha \, P).$$

Wie bei der Bestimmung des Moments einer Einzelkraft kann man also auch das Produkt aus a und der zu a orthogonalen Komponente von P bilden.

Wir nennen $\hat{P}$ die *Drehkraft*. Drehkräfte treten in der Technik allenthalben auf: Schraubenzieher, Übertragung eines Moments durch eine Motorwelle, usw.

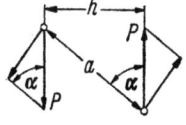

Fig. 3/6'

2. *Das Moment eines Kräftepaars hat für jeden Bezugspunkt den Betrag $\hat{P}$.*

Nach Fig. 3/6'' ist

$$\sum M^{(E)} = e P - (e - h) P = h P,$$

d. h., $\sum M^{(E)}$ ist unabhängig von E.

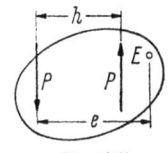

Fig. 3/6''

Enthält daher eine ebene Kräftegruppe ein Kräftepaar, und will man $\sum M$ für einen bestimmten Bezugspunkt ausrechnen, so bestimmt man $\sum M$ für die Kräfte und fügt $\hat{P} = h P$ — mit dem richtigen Vorzeichen, aber ohne sich um den Bezugspunkt zu kümmern — am Schluß hinzu.

3. *Die Drehkraft hat (am starren Körper) keinen „Ort".* Fügt man in Fig. 3/7 zu $[\mathfrak{P}, -\mathfrak{P}]$ die einander tilgenden Kräfte $[\mathfrak{Z}, -\mathfrak{Z}]$ hinzu, so entsteht ein neues Kräftepaar $[\mathfrak{Q}, -\mathfrak{Q}]$ (mit Kräften $|\mathfrak{Q}| < |\mathfrak{P}|$, aber einem Abstand $h' > h$); und indem man eine der Kräfte $\mathfrak{Q}$ in ihrer Wirkungslinie verschiebt, kann man die Drehkraft überallhin transportieren. Die beiden Drehkräfte $\hat{P}_1$ und $\hat{P}_2$ in Fig. 3/8 befinden sich also für $\hat{P}_1 = \hat{P}_2$ im Gleichgewicht, wobei $\hat{P}_1 = h_1 P_1$ und $\hat{P}_2 = h_2 P_2$ sein kann, mit $h_2 = z h_1 \quad P_2 = \frac{1}{z} P_1$ (z eine beliebige Zahl) und beliebiger Richtung der Kräfte P_2 gegen P_1.

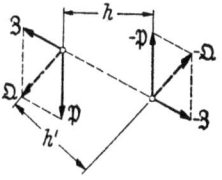

Fig. 3/7

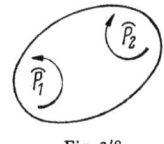

Fig. 3/8

4. *Drehkräfte in der Ebene addieren sich wie Zahlen.* Im *Raum* hat die Drehkraft Vektorcharakter: Sie hat einen Betrag und eine (Achsen-) Richtung. In der *Ebene* liegt die Achsenrichtung ($\perp$ zur Ebene) fest, und daher verhalten sich Drehkräfte dort wie Skalare. Natürlich muß man bei der Addition auf das Vorzeichen (den Drehsinn) achten.

5. Praktisch besonders wichtig ist die *Kombination Kraft-Drehkraft*. Aus Fig. 3/9 folgt, daß die Drehkraft $\widehat{P}$ die Kraft P um den Betrag $h = \widehat{P}/P$ parallel verschiebt. Natürlich gilt auch das Umgekehrte: Eine exzentrische Kraft ist gleichwertig mit einer zentrischen plus einer Drehkraft.

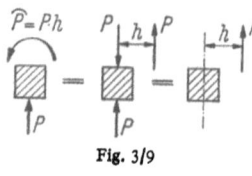

Fig. 3/9

Die Fig. 3/9' zeigt, daß man diesen Satz auch zur Bestimmung des Hebelstützpunktes benutzen kann. Zerlegt man die Kräftegruppe P_1, P_2 in den symmetrischen Anteil $\overline{P} = \tfrac{1}{2}(P_1 + P_2)$ und den antimetrischen $\widetilde{P} = \tfrac{1}{2}(P_1 - P_2)$, Drehkraft $\widehat{P} = l\,\widetilde{P}$, so liest man ab:

$$c = \frac{\widehat{P}}{2\overline{P}} = \frac{l}{2}\frac{(P_1 - P_2)}{(P_1 + P_2)}. \tag{3.9}$$

Eine sprachliche Bemerkung: Wir nennen die Rechengröße Hebelarm mal Kraft das Moment der Kraft. Wirkt am Bezugspunkt O die

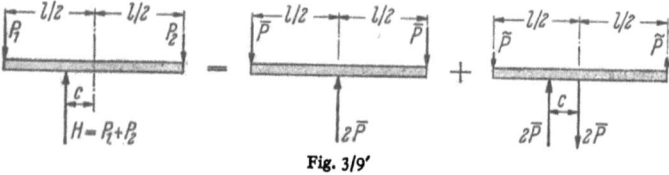

Fig. 3/9'

Gegenkraft (Fig. 3/0), so daß ein Kräftepaar entsteht, so nennen wir diese physikalische Größe (das Moment des Kräftepaars) die Drehkraft. Statt Drehkraft ist gelegentlich die logischere Bildung ,,Kraftdreh" vorgeschlagen worden — aber das ist sprachlich unmöglich.

§ 4. Graphische Formulierung der drei Gleichgewichtsaussagen

a) **Betrag, Richtung, Lage der Resultierenden; nichtparallele Kräfte.** An der ebenen Scheibe Fig. 4/1 sollen zwei Kräfte angreifen; gesucht ist ihre Resultierende $\Re$ (oder die Haltekraft $\mathfrak{H} = -\Re$). Betrag und Richtung der Resultierenden müssen so beschaffen sein, daß die beiden Kräfteaussagen

$$X_R = X_1 + X_2, \quad Y_R = Y_1 + Y_2 \tag{4.1}$$

erfüllt sind; graphisch heißt das: $\Re$ muß die geometrische Summe sein aus $\mathfrak{P}_1$ und $\mathfrak{P}_2$ (Fig. 4/1 b). Die Sätze (4.1) genügen aber nicht; es muß auch der Momentensatz erfüllt

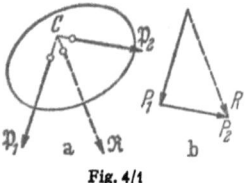

Fig. 4/1

§ 4. Graphische Formulierung der drei Gleichgewichtsaussagen

sein, und das heißt graphisch: Die Wl von $\mathfrak{R}$ muß durch den Schnittpunkt C der W-linien von $\mathfrak{P}_1$ und $\mathfrak{P}_2$ gehen. Denn bezüglich C haben $\mathfrak{P}_1$ und $\mathfrak{P}_2$ beide das Moment Null; also muß auch $\mathfrak{R}$ das Moment Null, d. h. eine durch C gehende Wl, haben. (Wo die Kraft $\mathfrak{R}$ — oder $\mathfrak{H}$ — dann auf der Wl angreift, ist beim starren Körper ohne Bedeutung.)

b) **Betrag, Richtung, Lage der Resultierenden; parallele Kräfte.** Greifen an der Scheibe, Fig. 4/2, zwei parallele Kräfte $\mathfrak{P}_1$ und $\mathfrak{P}_2$ an, so findet man die Lage der Resultierenden, indem man die einander tilgenden Kräfte $\mathfrak{Z}_1$ und $\mathfrak{Z}_2 = - \mathfrak{Z}_1$ (mit

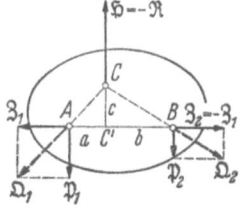

Fig. 4/2

derselben Wl!) hinzufügt, und nun die nichtparallelen Teilresultierenden $\mathfrak{Q}_1$, $\mathfrak{Q}_2$ zum Schnitt bringt. Deren W-linien treffen sich in C, und damit liegt die Wl von $\mathfrak{R}$ fest. Aus der Figur entnehmen wir

$$\frac{c}{a} = \frac{P_1}{Z_1}, \quad \frac{c}{b} = \frac{P_2}{Z_2}.$$

Mit $Z_1 = Z_2$ folgt daraus

$$a P_1 = b P_2, \tag{4.2}$$

d. h. der Hebelsatz von Archimedes. Wie es sein muß: Denn die Konstruktion Fig. 4/2 drückt graphisch aus, was (3.2) analytisch formuliert: den Momentensatz.

c) **Resultierende von mehr als zwei Kräften; das Seileck.** Will man die Resultierende dreier Kräfte $\mathfrak{S}_i$ bestimmen, so muß man schrittweise vorgehen: Zunächst zwei Kräfte zu einer Resultierenden zu-

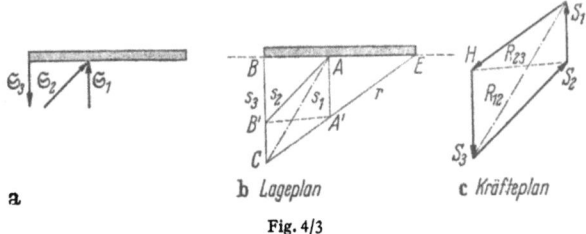

a   b Lageplan   c Kräfteplan

Fig. 4/3

sammenfassen, und dann fortfahren wie in Fig. 4/1. Es ist klar, daß man dieses Vorgehen systematisieren muß, wenn die Konstruktion übersichtlich bleiben soll. Das geschieht, indem man Lage- und Kräfteplan streng voneinander trennt. Fig. 4/3 b, c zeigt das Verfahren. Im Lageplan (Maßstab 1 cm $\triangleq z$ Meter) werden nur die Wirkungslinien eingetragen; in den Kräfteplan (Maßstab 1 cm $\triangleq n$ kp) die Kräfte nach Größe und Richtung ohne Rücksicht auf ihre Lage. Man wählt nun eine Zwischenresultierende, z. B.

$$\mathfrak{R}_{12} = \mathfrak{S}_1 + \mathfrak{S}_2$$

(die strich-punktierte Linie im Krafteck); deren Wl muß durch den Schnittpunkt von s_1 und s_2 gehen und $\| \mathfrak{R}_{12}$ sein. Zeichnet man sie (die strich-punktierte Gerade) in den Lageplan ein, so liefert der Schnittpunkt C mit s_3 einen Punkt der Wl r der Kraft $\mathfrak{R}$ (oder $\mathfrak{H}$). Natürlich kann man auch $\mathfrak{S}_3$ und $\mathfrak{S}_2$ zu einer Zwischenresultierenden zusammenfassen (die punktierte Linie $\mathfrak{R}_{23}$, deren Wl durch B' geht) und erhält den Punkt A' der Wl r (Kontrolle!); in beiden Fällen ist $\mathfrak{R}$ (oder $\mathfrak{H}$) nach Größe, Richtung und Lage bestimmt.

Die in Fig. 4/3 skizzierte Konstruktion ist nur durchführbar, wenn die W-linien der Kräfte erreichbare Schnittpunkte haben. Sind die

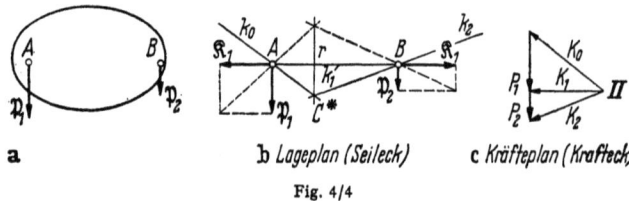

a b Lageplan (Seileck) c Kräfteplan (Krafteck)

Fig. 4/4

Kräfte parallel oder nahezu parallel, muß man Hilfs- oder Zusatzkräfte einführen. Wir zeigen das Verfahren — die sog. *Seileck*konstruktion — zunächst an dem einfachen Beispiel zweier paralleler Kräfte, die wir nach Betrag, Richtung und Lage übereinstimmen lassen mit den Kräften $\mathfrak{P}_1$, $\mathfrak{P}_2$ der Fig. 4/2.

Fig. 4/4b enthält gestrichelt die Konstruktion Fig. 4/2. An ihrer Stelle benutzen wir jetzt ein Verfahren, das sich auf beliebig viele Kräfte unmittelbar übertragen läßt. Wir führen eine Hilfskraft $\mathfrak{R}_0$ mit der Wl k_0 ein, die wir hier so wählen, daß speziell eine zur gestrichelten spiegelbildliche Linienfolge entsteht (die neue Konstruktion ist dann offenkundig die alte, neu gedeutet). Bilden wir nun eine Resultierende

$$\mathfrak{R}_1 = \mathfrak{R}_0 + \mathfrak{P}_1 \qquad (4.3\text{a})$$

nach Betrag, Richtung *und Wirkungslinie*, so erhalten wir den Schnittpunkt B von k_1 und p_2. Durch eben den Punkt muß die Zwischenresultierende

$$\mathfrak{R}_2 = \mathfrak{R}_1 + \mathfrak{P}_2 \qquad (4.3\text{b})$$

gehen, womit die Wl k_2 bekannt ist. Nun braucht man nur noch k_0 und k_2 zum Schnitt zu bringen und hat einen Punkt der Wl von $\mathfrak{R}$, das man nach Betrag und Richtung aus dem Krafteck abliest. Denn

$$\mathfrak{R} = -\mathfrak{R}_0 + \mathfrak{R}_2 \qquad (4.4)$$

§ 4. Graphische Formulierung der drei Gleichgewichtsaussagen

ist die Resultierende nicht nur im Krafteck [was sich mit $\mathfrak{P}_1 + \mathfrak{P}_2 = \mathfrak{R}$ durch formale Addition aus (4.3a, b) ergibt], sondern auch im Seileck, weil ja die Zwischenresultierenden $\mathfrak{R}_1$, $\mathfrak{R}_2$ ihre Teilkräfte auch der Lage nach ersetzen. Die Kräfte $-\mathfrak{R}_0$ und $\mathfrak{R}_2$ übernehmen nach Betrag, Richtung und Lage genau die Rolle der Teilresultierenden $\mathfrak{Q}_1$, $\mathfrak{Q}_2$ in Fig. 4/2, $\pm \mathfrak{R}_1$ ist das Paar der sich wegebenden Zusatzkräfte $\mathfrak{Z}_1$, $\mathfrak{Z}_2 = -\mathfrak{Z}_1$.

In den Fig. 4/5b, c ist Seileck und Krafteck für die drei Kräfte Fig. 4/5a gezeichnet. Man zeichne diese Figur im Sinne des vorigen

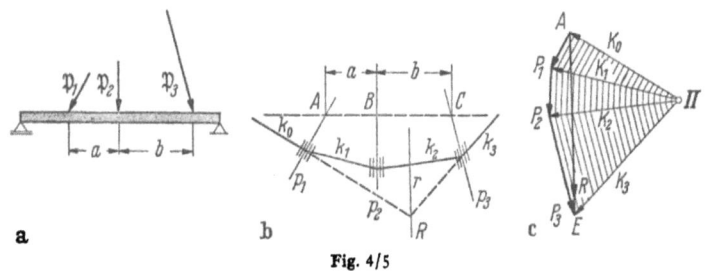

Fig. 4/5

Beispiels schrittweise nach, d. h., man verifiziere die 4 Aussagen

$$\mathfrak{R}_1 = \mathfrak{R}_0 + \mathfrak{P}_1, \quad \text{auch der Lage nach,}$$
$$\mathfrak{R}_2 = \mathfrak{R}_1 + \mathfrak{P}_2, \quad \text{auch der Lage nach,} \quad (4.5)$$
$$\mathfrak{R}_3 = \mathfrak{R}_2 + \mathfrak{P}_3, \quad \text{auch der Lage nach,}$$
$$-\mathfrak{R}_0 + \mathfrak{R}_3 = \mathfrak{R}, \quad \text{auch der Lage nach.}$$

Den Punkt Π nennt man den „Pol" des Kraftecks. Nach seiner Wahl und der Festlegung eines Punktes von k_0 läuft die ganze Konstruktion zwangsläufig ab. Zwischen einem Dreieck rechts und einem Schnittpunkt links besteht die Zuordnung, die wir durch die Art der Schraffur andeuten (am besten durch Farben hervorheben!). Zum Punkt R gehört das Dreieck $A\Pi E$.

Den Lageplan in der Fig. 4/4 und 4/5 haben wir eingangs als „Seil"-eck bezeichnet. Das Wort rührt her von einer mechanischen Deutung, die man dem Linienzug geben kann: Läßt man die gegebenen **Kräfte** $\mathfrak{P}_i$ auf ein gespanntes Seil wirken, das in je einem Punkt der Geraden k_0 und k_n festgehalten wird, so folgt das Seil genau dem Linienzug k_0, $k_1, \ldots, k_n$, denn es stellt sich so ein, daß an jedem Kraftangriffspunkt eine Ecke entsteht, an der die (Seil-) Kräfte $\mathfrak{R}_{i-1}$ und $\mathfrak{R}_i$ der Last $\mathfrak{P}_i$ das Gleichgewicht halten.

d) Die Drehkraft. Fig. 4/6 zeigt, wie man graphisch die Resultierende zweier Kräfte entgegengesetzten Zeichens findet. An der Seileckkonstruktion ändert sich nichts — natürlich liegt die Wirkungslinie der

Resultierenden jetzt „außerhalb". Wenn $P_2 \to P_1$ geht (Fig. 4/7), werden die beiden Seilstrahlen k_0 und k_2 parallel, die Wirkungslinie r rückt „ins Unendliche". Die Kräftegruppe (die auch aus vielen Kräften

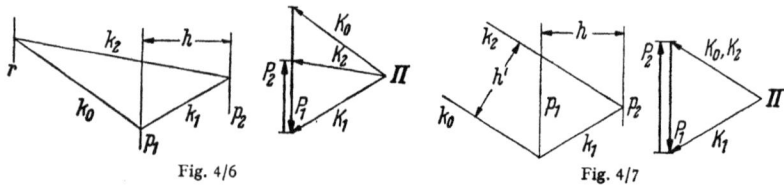

Fig. 4/6 Fig. 4/7

bestehen kann) ist nicht mehr gleichwertig einer *Kraft* (der nach Betrag, Richtung und Lage festliegenden Resultierenden), sondern einer *Dreh-Kraft* (in unserem Beispiel):

$$\widehat{P}(= h\,P) = h'\,K_0.$$

§ 5⁺⁺. Kräfte im Raum; die sechs Gleichgewichtsaussagen

a) Kräfte in einem Punkt. Für die Resultierende einer durch einen Punkt gehenden Gruppe von n Kräften gilt

$$X_R = \sum_1^n X_i, \quad Y_R = \sum_1^n Y_i, \quad Z_R = \sum_1^n Z_i. \quad (5.1)$$

Gleichgewicht herrscht, wenn die Resultierende verschwindet, d. h. für

$$\sum X = 0, \quad \sum Y = 0, \quad \sum Z = 0. \quad (5.1')$$

Aus diesen drei Gleichungen können drei Unbekannte bestimmt werden, z. B. die drei Stabkräfte S_i in Fig. 5/1. P wirke in z-Richtung; da nur S_3 eine Z-Komponente aufweist, folgt aus $\sum Z = 0$ sofort

$$S_3 = -P/\cos\gamma \quad \text{(Fig. b)}. \quad (5.2c)$$

In der x-y-Ebene ist $S' = -S_3 \sin\gamma$ wirksam, d. h., aus $\sum X = 0$, $\sum Y = 0$ ergibt sich

$$\begin{aligned} S_1 &= P \tan\gamma \cos\alpha \\ S_2 &= P \tan\gamma \sin\alpha \end{aligned} \quad \text{(Fig. c)}. \quad (5.2\text{a, b})$$

Ist P „irgendwie" gerichtet, so zerlegt man in die drei Komponenten P_x, P_y, P_z, und die Rechnung verläuft genauso. Denn da man als x-y-Ebene die S_1-S_2-Ebene (z. B.) wählen kann, lassen sich die Stabkräfte im „räumlichen Dreibock" stets schrittweise bestimmen.

Als zweites Beispiel betrachten wir den an seiner Spitze durch eine waagerechte Kräftegruppe K_i belasteten Mast Fig. 5/2. Es soll durch

---

⁺⁺ Kann bei einer ersten Lektüre überschlagen werden.

§ 5. Kräfte im Raum; die sechs Gleichgewichtsaussagen

ein Zugseil von gegebener Länge (d. h. Neigung α) und einer durch ein Spannschloß Sp. zu regulierenden Spannkraft S erreicht werden, daß der Mast nicht auf Biegung beansprucht wird. Keine Biegung heißt: Die Resultierende aus K_i und S muß eine Vertikale sein

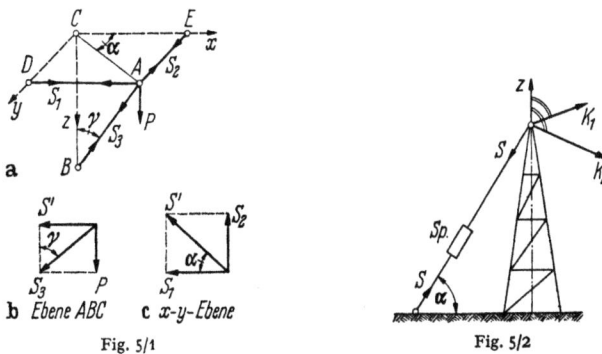

b Ebene ABC c x-y-Ebene

Fig. 5/1 \qquad Fig. 5/2

($\sum X = 0$, $\sum Y = 0$). Diese Bedingung legt Betrag und Horizontalwinkel der Kraft S fest: Seil, Resultierende der Kräfte K_i und z-Achse müssen in einer Ebene liegen, und S wird

$$S = K_{\text{res}}/\cos\alpha.$$

Die Druckkraft im Mast ist dann $K_{\text{res}} \tan\alpha$.

b) Kräfte im Raum beliebig verteilt; Moment und Drehkraft.
Wie in der Ebene kann man alle Kräfte in einen Punkt transportieren, wenn man Drehkräfte (Kräftepaare) hinzufügt. Im Gegensatz zum ebenen Problem gibt es jetzt aber nicht *eine* Drehachse (z), sondern *drei*. Entsprechend den drei Drehmöglichkeiten im Raum hat das Moment $\mathfrak{M}$ einer Kraft $\mathfrak{K}$ bezüglich eines Punktes drei Komponenten

$$M_x, M_y, M_z,$$

die wir positiv zählen wollen, wenn sie um ihre Achsen (Blickrichtung $+x$, $+y$, $+z$) *rechts* herum drehen. Wir bestimmen zunächst die Momentenkomponenten der Kraft $\mathfrak{K}$ bezüglich O. Aus Fig. 5/3 liest man ab:

$$M_z = x Y - y X, \qquad (5.3\text{c})$$

Fig. 5/3

denn Y hat bezüglich der z-Achse rechtsdrehend den Hebelarm x, X linksdrehend den Hebelarm y. Entsprechend erhält man

$$M_x = y Z - z Y, \qquad M_y = z X - x Z. \qquad (5.3\text{a, b})$$

(5.3) ergibt sich *formal* aus der Vektoraussage

$$\mathfrak{M} = \mathfrak{r} \times \mathfrak{K}$$

mit
$$\mathfrak{r} = x\mathfrak{i} + y\mathfrak{j} + z\mathfrak{k}, \quad \mathfrak{K} = X\mathfrak{i} + Y\mathfrak{j} + Z\mathfrak{k}$$

und
$$\mathfrak{i} \times \mathfrak{i} = 0, \quad \mathfrak{i} \times \mathfrak{j} = \mathfrak{k}, \quad \mathfrak{i} \times \mathfrak{k} = -\mathfrak{j},$$
$$\mathfrak{j} \times \mathfrak{i} = -\mathfrak{k}, \quad \mathfrak{j} \times \mathfrak{j} = 0, \quad \mathfrak{j} \times \mathfrak{k} = \mathfrak{i},$$
$$\mathfrak{k} \times \mathfrak{i} = \mathfrak{j}, \quad \mathfrak{k} \times \mathfrak{j} = -\mathfrak{i}, \quad \mathfrak{k} \times \mathfrak{k} = 0.$$

Es wird
$$\mathfrak{M} = \mathfrak{i}(yZ - zY) + \mathfrak{j}(zX - xZ) + \mathfrak{k}(xY - yX).$$

Genau derselbe Formalismus bestimmt das Moment des Kräftepaars, die Drehkraft, die man hinzufügen muß, wenn man die Kraft $\mathfrak{K}$

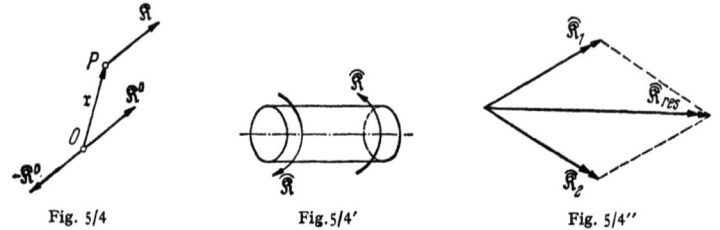

Fig. 5/4   Fig. 5/4'   Fig. 5/4''

nach O transportiert ($\mathfrak{K}^0$ in Fig. 5/4). Es ist $[\mathfrak{K}, -\mathfrak{K}^0] \equiv \widehat{\mathfrak{K}}$ mit

$$\widehat{\mathfrak{K}} = \widehat{X}\mathfrak{i} + \widehat{Y}\mathfrak{j} + \widehat{Z}\mathfrak{k},$$
$$\widehat{X} = (yZ - zY), \quad \widehat{Y} = (zX - xZ), \quad \widehat{Z} = (xY - yX). \quad (5.3')$$

Die Drehkraft $\widehat{\mathfrak{K}}$ ist, wie wir ohne Beweis (er ergibt sich, wenn man die Drehkraft durch ein geschickt gewähltes Kräftepaar darstellt, aus den Eigenschaften des Kraftvektors) feststellen, ein räumlicher Vektor mit den folgenden Eigenschaften:

1. $\widehat{\mathfrak{K}}$ ist *in* der $\mathfrak{K}$-$\mathfrak{r}$-Ebene verschiebbar (s. Fig. 3/8).

2. $\widehat{\mathfrak{K}}$ ist *aus* seiner Ebene heraus verschiebbar (d. h., zwei in parallelen Ebenen wirkende Kräftepaare gleicher Größe, aber entgegengesetzten Zeichens, heben sich auf — Torsionsstab Fig. 5/4').

3. Für nicht parallele $\widehat{\mathfrak{K}}_i$ gilt das Gesetz der geometrischen Addition (Fig. 5/4'')*

$$\widehat{\mathfrak{K}}_1 + \widehat{\mathfrak{K}}_2 = \widehat{\mathfrak{K}}_{\text{res}}. \quad (5.4)$$

---

* $\mathfrak{K}$ als Vektor aufgefaßt (gekennzeichnet durch den Doppelpfeil).

§ 5. Kräfte im Raum; die sechs Gleichgewichtsaussagen

Ferner: $\mathfrak{K}$ ist im Gegensatz zur Kraft $\mathfrak{K}$ ein „unechter" Vektor, d. h. ein Vektor, bei dem die Zahl der Komponenten i. allg. nicht mit der Dimensionszahl übereinstimmt:

Dimension	1	2	3	4 ... n,
Zahl der Kraftkomponenten	1	2	3	4 ... n,
Zahl der Drehkraftkomponenten	0	1	3	6 ... $\binom{n}{2}$.

c) Kräfte im Raum; Gleichgewicht. Ein räumliches Kräftesystem ist im Gleichgewicht, wenn sechs Bedingungen erfüllt sind:

$$\sum X = 0, \ \sum Y = 0, \ \sum Z = 0, \ \sum M_x = 0, \ \sum M_y = 0, \ \sum M_z = 0. \tag{5.5}$$

Die Zahl der Gleichgewichtsbedingungen reduziert sich auf drei in einem wichtigen Sonderfall: Wenn alle Kräfte dieselbe, (z. B.) die z-Richtung haben, so sind $\sum X, \sum Y, \sum M_z = 0$ von selbst erfüllt, und es bleiben nur

$$\sum Z = 0, \quad \sum M_x \equiv \sum y Z = 0,$$
$$-\sum M_y \equiv \sum x Z = 0. \tag{5.5'}$$

Wir betrachten einige einfache Beispiele.

α) *Für* (5.5'):

1. Der in Fig. 5/5 dargestellte *Doppelhebel* wird durch eine Kraft P vertikal belastet; wie groß sind die drei vertikalen Stützkräfte A, B, S? Wie beim ebenen Problem* kann man die drei Bestimmungs-

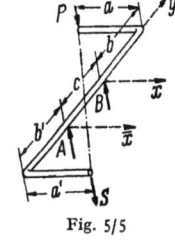

Fig. 5/5

gleichungen durch geeignete Wahl der Momentenachse vereinfachen, und genau wie dort wird es meist sogar zweckmäßig sein, Kräfteaussagen durch Momentenaussagen zu ersetzen. Wir bilden:

$$\left.\begin{array}{l} \sum M_y = 0 \rightarrow a'S - aP = 0 \\ \sum M_x = 0 \rightarrow (c+b')S - cA - bP = 0 \\ \sum M_{\bar{x}} = 0 \rightarrow b'S + cB - (b+c)P = 0 \end{array}\right\} \tag{5.6}$$

Daraus folgt:

$$S = \frac{a}{a'}P, \quad A = \left[\frac{a}{a'}\frac{c+b'}{c} - \frac{b}{c}\right]P, \quad B = \left[\frac{b+c}{c} - \frac{a}{a'}\frac{b'}{c}\right]P. \tag{5.6'}$$

$\sum Z = 0$ dient zur Kontrolle:

$$P + S = A + B.$$

---

* Siehe § 7 b.

Liegt der Hebel auf zwei Schneiden auf, so muß die geometrische Konstellation so sein, daß $A > 0$, $B > 0$ ist; die Abmessungen $a \ldots a'$ müssen dann die Bedingungen

$$\frac{b+c}{b'} > \frac{a}{a'} > \frac{b}{b'+c}$$

erfüllen, d. h., die Verbindungslinie der Angriffspunkte von P und S (s. die Figur) muß die y-Achse *zwischen* den Lagern treffen.

Fig. 5/6

2. Die drei Stützkräfte des *dreibeinigen* Tisches Fig. 5/6 erhält man statt aus (5.5') am besten durch dreimalige Anwendung des Momentensatzes: für die Achsen AB, BC, CA. Jeder Satz liefert eine der drei Kräfte, und als Kontrolle dient

$$\sum Z = 0, \quad \text{d. h.,} \quad S_1 + S_2 + S_3 = P,$$

wenn S_1, S_2, S_3 als Druckkräfte positiv angenommen werden.

2'. Der *vierbeinige* Tisch ist statisch unbestimmt: Aus 3 Gleichungen können nicht 4 Unbekannte bestimmt werden; wie jeder weiß, hängt die Verteilung der Kräfte in der Tat ab von der Stärke des untergelegten Bierfilzes.

β) *Für* (5.5):

3. Das nächste Beispiel, die Frage nach der Stützkraft S für den *Deckel* in Fig. 5/7, ist, wenn die vier Kräfte in den Scharnieren nicht

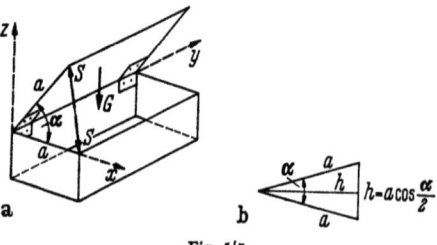

Fig. 5/7

interessieren*, ein Problem vom Schwierigkeitsgrad eines ebenen. Man braucht nur die eine Momentenbedingung um die y-Achse anzuschreiben

$$h S = \frac{a}{2} \cos \alpha \, G, \tag{5.7}$$

und erhält mit Fig. 5/7 b

$$S = \frac{\frac{1}{2} \cos \alpha}{\cos \frac{\alpha}{2}} G. \tag{5.7'}$$

---

* Da eines der Scharniere in y-Richtung beweglich sein muß (statisch bestimmte Lagerung) folgt aus $\sum Y = 0$, daß keines der Scharniere eine y-Kraft erhält.

§ 5. Kräfte im Raum; die sechs Gleichgewichtsaussagen

4. Auch die 6 Stabkräfte S_{1-6} für die nach Fig. 5/8 belastete *Platte* bestimmen sich sehr einfach. Da S_6 die einzige Kraft ist, die eine y-Komponente aufweist, ist $S_6 = 0$; aus $\sum X = 0$ und $\sum M_z = 0$ folgt, daß $S_2 = S_5 = 0$ ist. Und aus den drei anderen Gleichgewichtsbedingungen ergibt sich sozusagen ohne Rechnung die in Fig. 5/8b

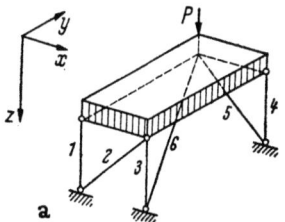 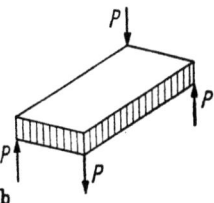

Fig. 5/8

dargestellte Kräftekonstellation: $S_1 = S_4 = P$, $S_3 = -P$ (Vorzeichenwahl wie unter 2.). [Die Last wird also — dank der steifen Platte — keineswegs von den beiden durch die Lastecke gehenden Stützen *5* und *6* aufgenommen. Die (Null-) Stäbe *2, 5, 6* sind der „Windverband" der Konstruktion; sie treten in Aktion, wenn die Lastrichtung von der Vertikalen abweichen sollte.]

5. Als letztes Beispiel betrachten wir Fig. 5/9. Ein Stab vom Gewicht G, der an zwei Seilen hängt, wird durch ein horizontales Kräftepaar $\widehat{P} = a P$ ausgelenkt: Wie groß ist der Winkel zwischen der gestörten und der ungestörten Lage?

Von den sechs Gleichgewichtsbedingungen für den Stab ist eine, die Momentenaussage für die Stabachse x, trivialerweise erfüllt, denn die Drehung des eindimensionalen Gebildes um die eigene Achse, die die Kräftekonstellation

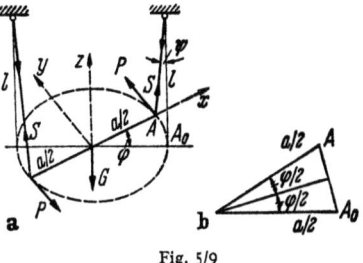

Fig. 5/9

nicht ändert, ist kein „Freiheitsgrad"; drei andere, $\sum X = 0$, $\sum Y = 0$, $\sum M_y = 0$, sind erfüllt durch die Polsymmetrie der Kräfteanordnung. Zu formulieren bleiben nur die Momentenaussage

$$\sum M_z = 0 \rightarrow 2\frac{a}{2} \cos\frac{\varphi}{2} S \sin\psi = a P \tag{5.8a}$$

und die Kräfteaussage

$$\sum Z = 0 \rightarrow 2 S \cos\psi = G. \tag{5.8b}$$

Hinzu tritt die geometrische Bindung zwischen den Winkeln φ und ψ: Die Sehne $\overline{A_0 A}$ stellt sich nach Fig. 5/8b dar:

$$\overline{A_0 A} = 2l \sin \frac{\psi}{2} = 2 \frac{a}{2} \sin \frac{\varphi}{2}. \tag{5.8c}$$

Aus den drei Gleichungen (5.8a), (5.8b), (5.8c) läßt sich S sofort entfernen; es bleibt

$$\tan \psi = \frac{2P}{G} \frac{1}{\cos \varphi / 2}$$
$$2 \sin \frac{\psi}{2} = \frac{a}{l} \sin \frac{\varphi}{2}, \tag{5.8'}$$

woraus nun noch ψ zu eliminieren wäre. Das für den allgemeinen Fall beliebiger Kräfte und Abmessungen durchzuführen, hat an dieser Stelle wenig Sinn. Wir beschränken uns auf den Fall kleiner Winkel ψ (d. h. $a/l \ll 1$); dann kann man in der durch Division der beiden Gln. (5.8') entstehenden Beziehung

$$\sin \varphi = \frac{4P}{G} \frac{l}{a} \frac{2 \sin \psi / 2}{\tan \psi}$$

[mit einem Fehler $\sim (a/l)^2$] den letzten Bruch durch 1 ersetzen, und hat

$$\sin \varphi = \frac{4P}{G} \frac{l}{a}. \tag{5.9}$$

Natürlich ist diese Näherung nur sinnvoll für $P \lesssim \frac{aG}{4l}$, d. h. für $P \ll G$. φ ist dann nicht notwendig „klein", bleibt aber unter 90°.

§ 6. Flächenmomente erster Ordnung; der Schwerpunkt

Die Erfahrung zeigt, daß man einen Körper durch Unterstützung in *einem* Punkt ins Gleichgewicht setzen kann, wenn man als Unterstützungspunkt den Schwerpunkt S wählt. Die Koordinaten von S bestimmen sich aus dem Momentensatz. dG sei das vertikal (in z-Richtung) wirkende Gewicht eines Körperelements im Punkte $\bar x, \bar y, \bar z$, wobei wir den Querstrich setzen, um daran zu erinnern, daß der Bezugspunkt O ein beliebiger Punkt ist. Das Moment von dG um die $\bar y$-Achse ist [s. auch (5.3)]

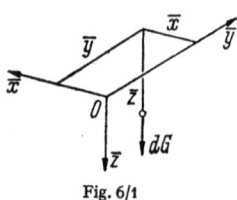

Fig. 6/1

$$dM_{\bar y} = -\bar x \, dG \tag{6.1a}$$

(Minuszeichen, weil es um die Achse links herumdreht, Fig. 6/1), das Moment um die $\bar x$-Achse

$$dM_{\bar x} = \bar y \, dG \tag{6.1b}$$

§ 6. Flächenmomente erster Ordnung; der Schwerpunkt

(Pluszeichen, weil es um die Achse rechts herumdreht); das Gesamtmoment aller Körperelemente ist die Summe (das Integral) der Einzelmomente:

$$M_{\bar{y}} = -\int \bar{x}\,dG, \quad M_{\bar{x}} = \int \bar{y}\,dG. \tag{6.1'}$$

Im Unterstützungspunkt (Koordinaten $\bar{x}_s$, $\bar{y}_s$) wird die Gegenkraft zum Gesamtgewicht

$$G = \int dG$$

angebracht, und der Momentensatz fordert (das Minuszeichen in der vorderen Gleichung fällt heraus)

$$\bar{x}_s G = \int \bar{x}\,dG, \quad \bar{y}_s G = \int \bar{y}\,dG.$$

Daraus ergeben sich für die beiden *Koordinaten des Schwerpunktes* die Formeln:

$$\bar{x}_s = \frac{\int \bar{x}\,dG}{\int dG}, \quad \bar{y}_s = \frac{\int \bar{y}\,dG}{\int dG}. \tag{6.2}$$

Genauso sieht die $\bar{z}_s$-Formel aus, die wir „mechanisch" erhalten können, indem wir den Körper in Gedanken drehen, so daß z. B. die x-Richtung in die Vertikale (die Kraftrichtung) fällt — für das folgende genügen uns *zwei* Formeln.

Ist der Körper homogen, $dG = \gamma\,dV$ mit konstantem spezifischem Gewicht γ, so fällt der Schwerpunkt zusammen mit dem Volumenmittelpunkt, und aus (6.2) wird

$$\bar{x}_s = \frac{\int \bar{x}\,dV}{\int dV}, \quad \bar{y}_s = \frac{\int \bar{y}\,dV}{\int dV}. \tag{6.2'}$$

Handelt es sich um Scheiben von überall gleicher Dicke, so geht (6.2') über in

$$\bar{x}_s = \frac{\int \bar{x}\,dF}{\int dF}, \quad \bar{y}_s = \frac{\int \bar{y}\,dF}{\int dF}. \tag{6.2''}$$

Die Zähler in (6.2'') sind die „Flächenintegrale erster Ordnung", die wir für einige Flächen bestimmen wollen.

Zuvor aber eine allgemein gültige Folgerung aus (6.2''): Zählt man die Abstände *vom Schwerpunkt aus* (x, y ohne Querstrich),

$$x = \bar{x} - \bar{x}_s, \quad y = \bar{y} - \bar{y}_s,$$

so folgt

$$\int x\,dF = \int \bar{x}\,dF - \bar{x}_s \int dF = 0 \quad \text{und} \quad \int y\,dF = 0, \tag{6.3}$$

d. h., der Schwerpunkt (genauer wäre „Flächenmittelpunkt") ist der Punkt, für den die Flächenintegrale erster Ordnung verschwinden.

Als *erstes Beispiel* betrachten wir Fig. 6/2. Da sich die Teilschwerpunktlinien sofort angeben lassen (sie laufen durch die Mitte der Rechtecke), tritt an die Stelle des Integrals (6.2″) eine Summe. Im Beispiel Fig. 6/2 ergibt sich, wenn wir für die $\bar{x}_s$-Bestimmung die ausgezogenen, für die $\bar{y}_s$-Bestimmung die gestrichelten Unterteilungslinien benutzen:

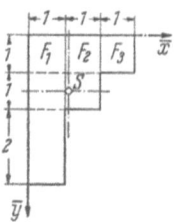

Fig. 6/2

$$\bar{x}_s = \frac{\frac{1}{2} \cdot 4 + \frac{3}{2} \cdot 2 + \frac{5}{2} \cdot 1}{4 + 2 + 1} = \frac{15}{14};$$

$$\bar{y}_s = \frac{\frac{1}{2} \cdot 3 + \frac{3}{2} \cdot 2 + 3 \cdot 2}{3 + 2 + 2} = \frac{21}{14} = \frac{3}{2}.$$ (6.4)

Zweites Beispiel (Fig. 6/3). Anstatt vorzugehen wie im ersten Beispiel, können wir die Flächen als *Differenz* zweier Flächen auffassen:

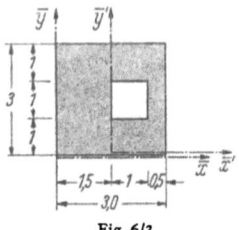

Fig. 6/3

$$\bar{x}_s = \frac{\frac{3}{2} \cdot 9 - 2 \cdot 1}{9 - 1} = \frac{23}{16}$$ (6.5)

vom linken Rand aus, oder

$$\bar{x}'_s = \frac{0 \cdot 9 - \frac{1}{2} \cdot 1}{9 - 1} = \frac{-1}{16}$$ (6.5′)

von der Mitte aus.

Drittes Beispiel (Fig. 6/4). Beim *Dreieck* erhält man den Schwerpunkt bekanntlich als den Schnittpunkt zweier „Schwerlinien", d. h. der Verbindungslinien einer Spitze mit der Mitte der gegenüberliegenden Seite. Nach dem Strahlensatz ist $\overline{FD} = \frac{1}{2}\overline{AC}$; aus der Ähnlichkeit der Dreiecke ASC und DSF folgt

Fig. 6/4

$$\overline{SD} = \frac{1}{2}\overline{SA} = \frac{1}{3}\overline{AD}, \quad \overline{AS} = \frac{2}{3}\overline{AD}.$$

Wieder aus dem Strahlensatz (wenn wir die Strahlen $\overline{AD}$ und $\overline{AB}$ mit 2 Lotrechten schneiden) folgt für das bei B rechtwinklige Dreieck

$$\bar{x}_s = \frac{2}{3}\overline{AB} = \frac{2}{3}c;$$ (6.6a)

in derselben Weise erhält man

$$\bar{y}_s = \frac{1}{3}\overline{CB} = \frac{1}{3}a.$$ (6.6b)

Viertes Beispiel (Fig. 6/5). Fügt man zwei Dreiecke zu einem *Trapez* zusammen, so ergibt sich $\bar{x}_s$ zu

$$\bar{x}_s = \frac{\bar{x}_1 F_1 + \bar{x}_2 F_2}{F_1 + F_2} = \frac{\dfrac{h}{3}\dfrac{ha}{2} + \dfrac{2h}{3}\dfrac{hb}{2}}{\dfrac{ha}{2} + \dfrac{hb}{2}} = \frac{h}{3}\frac{a + 2b}{a + b}.$$ (6.7a)

§ 6. Flächenmomente erster Ordnung; der Schwerpunkt

$\bar{y}_s$ ergibt sich aus der gestrichelten Unterteilung:

$$\bar{y}_s = \frac{\frac{a}{2} a h + \left(a + \frac{1}{3}(b-a)\right) h \frac{(b-a)}{2}}{a h + h \frac{b-a}{2}} = \frac{1}{3} \frac{a^2 + ab + b^2}{a+b} . \qquad (6.7\,\text{b})$$

Anmerkung zum vierten Beispiel: Ist das Trapez nur wenig verschieden vom Rechteck,

$$d \equiv (b-a) \ll a,$$

so kann man diese beiden Formeln in einer Weise schreiben, die für das praktische Rechnen vorteilhafter ist. Wir geben

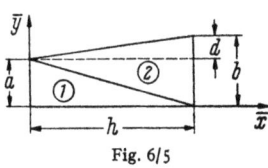

Fig. 6/5

die Umformungen an, weil sie ein hübsches Beispiel sind für die Nützlichkeit des TAYLORschen Satzes. Für $\bar{x}_s$ erhält man zunächst

$$\bar{x}_s = \frac{h}{2} \frac{1 + 2/3\,(d/a)}{1 + 1/2\,(d/a)} .$$

„Entwickelt" man nun den Nenner nach der Formel $(1+x)^{-1} = (1 - x + x^2 \mp \cdots)$ und multipliziert aus, so ergibt sich

$$\bar{x}_s = \frac{h}{2} \left(1 + \frac{1}{6} \frac{d}{a} + \frac{1}{12} \left(\frac{d}{a}\right)^2 + \cdots \right).$$

Das dritte Glied ist „klein": Bei $(d/a) = \frac{1}{2}$ wird $\frac{1}{12}\left(\frac{d}{a}\right)^2 = \frac{1}{48}$; d. h., für $d/a < \frac{1}{2}$ bleibt der Fehler unter 2%, wenn man statt (6.7a) die einfache Formel

$$\bar{x}_s \approx \frac{h}{2} \left(1 + \frac{1}{6} \frac{d}{a}\right) \qquad (6.8\,\text{a})$$

benutzt.

In derselben Weise kann man (6.7b) umformen. Aus

$$\bar{y}_s = \frac{a}{2} \frac{1 + (d/a) + 1/3\,(d/a)^2}{1 + 1/2\,(d/a)}$$

erhält man durch Entwickeln des Nenners und Ausmultiplizieren

$$\bar{y}_s = \frac{a}{2} \left(1 + \frac{1}{2} \frac{d}{a} + \frac{1}{12} \left(\frac{d}{a}\right)^2 + \cdots \right),$$

d. h., wieder bleibt der Fehler für $d/a < \frac{1}{2}$ unter 2%, wenn man das quadratische Glied wegläßt. Es wird also

$$\bar{y}_s \approx \frac{a}{2} + \frac{d}{4} , \qquad (6.8\,\text{b})$$

d. h., für $d \ll a$ kann man $\bar{y}_s$ ersetzen durch die Schwerpunktsordinate des (flächengleichen) Rechtecks von der Höhe $\left(a + \frac{d}{2}\right)$.

Aufgaben zu A

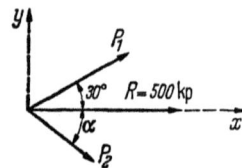

1. Die Resultierende zweier Kräfte $\mathfrak{P}_1$ und $\mathfrak{P}_2$ liegt in x-Richtung und hat den Betrag $R = 500$ kp. Von $\mathfrak{P}_1$ ist die Richtung bekannt. Wie groß sind P_1, P_2 und α, wenn P_2 ein Minimum sein soll?

Lösung:
$$P_1 = 433 \text{ kp}, \quad P_2 = 250 \text{ kp}, \quad \alpha = 60°.$$

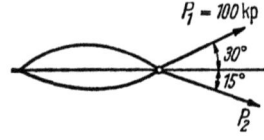

2. Ein Schiff wird an zwei Seilen gezogen. Man bestimme graphisch und analytisch den Betrag von $\mathfrak{P}_2$ so, daß die Resultierende in die Schiffsachse fällt.

Wie groß ist die Resultierende R?

Lösung:
$$P_2 = 193 \text{ kp}, \quad R = 273 \text{ kp}.$$

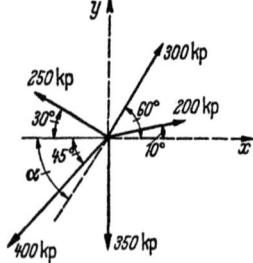

3. Man bestimme graphisch und analytisch Betrag und Richtung der Resultierenden $\mathfrak{R}$.

Lösung:
$$R = 262 \text{ kp}, \quad \alpha = 54{,}4°.$$

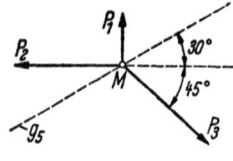

4. An einem Punkt M greifen in der Ebene drei Kräfte $\mathfrak{P}_1$, $\mathfrak{P}_2$, $\mathfrak{P}_3$ an. Gesucht sind die Kräfte $\mathfrak{K}_4$, $\mathfrak{K}_5$, die an M das Gleichgewicht herstellen. Dabei soll $\mathfrak{K}_4$ den Betrag $K_4 = 250$ kp haben und $\mathfrak{K}_5$ in die Gerade g_5 fallen.

Wie äußert sich die Doppeldeutigkeit der Lösung bei der graphischen und analytischen Methode?

$$P_1 = 150 \text{ kp}, \quad P_2 = 400 \text{ kp}, \quad P_3 = 500 \text{ kp}.$$

Lösung:
$$K_{5\text{I}} = 340 \text{ kp}, \quad K_{5\text{II}} = 55 \text{ kp}.$$

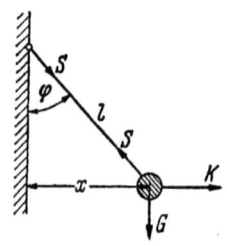

5. Eine Kugel ist an einem Seil (Länge l) aufgehängt und wird mit der Kraft $K = G\dfrac{l}{x}$ im Gleichgewicht gehalten.

Man bestimme analytisch φ und die Seilkraft S.

Lösung:
$$\varphi = 51{,}8°, \quad S = 1{,}62\,G.$$

6. Ein Seil ist im Punkt A an einer horizontalen Decke befestigt und wird über die feste Rolle C geführt. Es trägt eine lose Rolle D mit einem Gewicht P und am freien Ende ein Gewicht Q.

In welchem Abstand h von der Decke stellt sich die lose Rolle bei Gleichgewicht ein? (Rollenradien $r \ll a$ und b.)

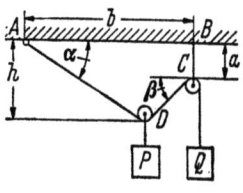

Gegeben:

$a = 0{,}5$ m, $\quad b = \sqrt{3}$ m, $\quad P = Q = 3$ kp.

Lösung:
$$h = 0{,}75 \text{ m}.$$

7. Gesucht sind:

a) der kleinste Winkel $\varphi = \varphi^*$, bei dem die drei (gleichen) glatten Walzen gerade noch liegenbleiben,

b) die Kräfte zwischen den Walzen für $\varphi = 2\varphi^*$.

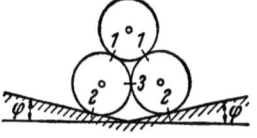

Hinweis zu a): Im Grenzfall wird die Kontaktkraft zwischen den unteren Walzen zu Null.

Lösung:

a) $\varphi^* = 10{,}92°$, b) $N_1 = 0{,}58 G$,
$\qquad\qquad\qquad\quad N_2 = 1{,}62 G$,
$\qquad\qquad\qquad\quad N_3 = 0{,}31 G$.

8. Ein gewichtsloser Stab AB wird mit 2 Rollen vom Gewicht $G_1 = 5$ kp und $G_2 = 20$ kp auf zwei schiefen glatten Ebenen von gegebener Neigung geführt.

a) Welchen Winkel φ schließt der Stab in der Gleichgewichtslage mit der Horizontalen ein?

b) Für welches G_1 wird $\varphi = 0$, wenn $G_2 = 20$ kp beibehalten wird?

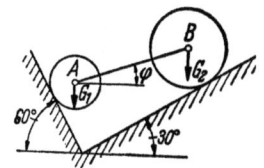

Lösung analytisch und graphisch.

Lösung:

a) $\varphi = 6{,}58°$,

b) $G_1 = 6{,}67$ kp.

9. Man zeige, daß die auf den Dachbinder wirkenden Kräfte im Gleichgewicht sind.

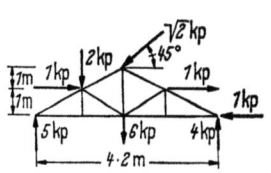

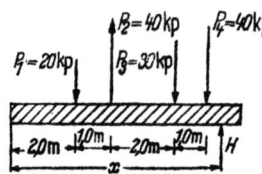

10. Man bestimme a) analytisch, b) graphisch den Betrag H und die Wirkungslinie der Kraft, die den Lasten $P_1 \div P_4$ das Gleichgewicht hält.

Lösung:
$$H = 50 \text{ kp}, \quad x = \frac{31}{5} \text{ m}.$$

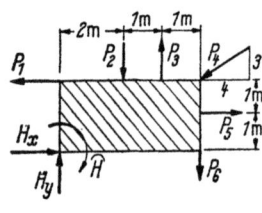

11. Wie groß sind H_x, H_y, $\widehat{H}$, die den Lasten $P_1 \div P_6$ das Gleichgewicht halten?

($P_1 = 300$ kp, $P_2 = 200$ kp, $P_3 = 200$ kp, $P_4 = 500$ kp, $P_5 = 100$ kp, $P_6 = 50$ kp.)

Lösung:
$$H_x = 600 \text{ kp}, \quad H_y = 350 \text{ kp}, \quad \widehat{H} = 100 \text{ mkp}.$$

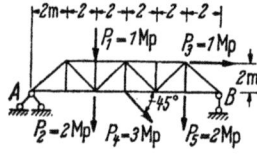

12. Das Fachwerk ist durch 3 Stäbe statisch bestimmt gehalten.

Man bestimme graphisch und analytisch die Resultierende der Kräfte $P_1 \div P_5$ und ihren horizontalen Abstand s_x vom Auflager A.

Wie groß ist das Drehmoment der Resultierenden bezüglich A?

Lösung:
$$\overrightarrow{R_x} = 3{,}12 \text{ Mp}, \quad \downarrow R_y = 7{,}12 \text{ Mp},$$
$$s_x = 6{,}56 \text{ m}, \quad \widehat{P} = 46{,}7 \text{ mMp}.$$

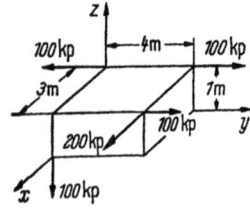

13. Ein rechteckiger Kasten ist im Koordinatenursprung festgehalten.

Man bestimme die dort auftretenden Haltekräfte H_x, H_y, H_z und Haltedrehkräfte $\widehat{H}_x, \widehat{H}_y, \widehat{H}_z$.

Lösung:
$H_x = -200$ kp, $H_y = -100$ kp, $H_z = 100$ kp,
$\widehat{H}_x = 100$ mkp, $\widehat{H}_y = -500$ mkp,
$\widehat{H}_z = +500$ mkp.

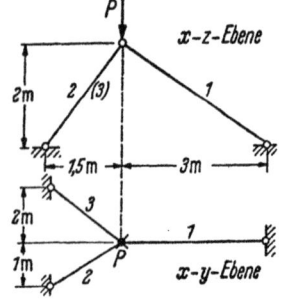

14. Ein Dreibock wird durch eine vertikale Last $P = 5$ Mp belastet.

Wie groß sind die Stabkräfte S_1, S_2 und S_3?

Lösung:
$$S_1 = -3{,}00 \text{ Mp},$$
$$S_2 = -2{,}99 \text{ Mp},$$
$$S_3 = -1{,}78 \text{ Mp}.$$

15. Man bestimme die Stabkräfte $S_1 \div S_6$ der statisch bestimmt gelagerten Platte.
Lösung:
$S_1 = 2P$, $S_2 = -2P$, $S_3 = 0$,
$S_4 = -\sqrt{2}P$, $S_5 = P$, $S_6 = -P$.

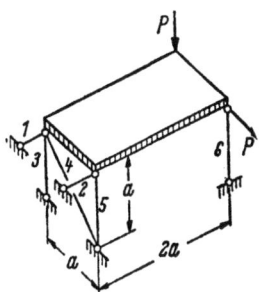

16. Eine gewichtslose starre Platte ist durch 6 Stäbe gegen den Fußboden und gegen die Wand abgestützt. Gesucht sind für eine Belastung P sämtliche Stabkräfte.
Hinweis: Man bilde die Momentensumme um Geraden, die möglichst viele Stäbe schneiden.
Lösung:
$S_1 = \tfrac{1}{2}\sqrt{5}P$, $S_2 = \tfrac{1}{2}\sqrt{5}P$, $S_3 = \tfrac{1}{3}P$,
$S_4 = -\sqrt{2}P$, $S_5 = \tfrac{2}{3}P$, $S_6 = -\sqrt{2}P$.

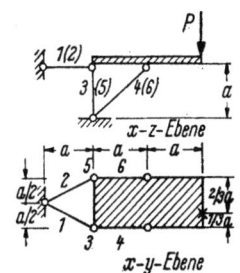

17. Man bestimme die Schwerpunktskoordinaten (x_s, y_s) der nebenstehenden Fläche.
Lösung:
$$x_s = 4a, \quad y_s = \frac{100}{28}a.$$

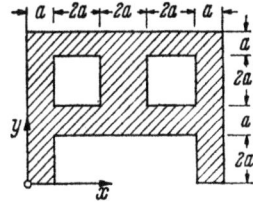

18. Für die dargestellten „Profile" bestimme man die Koordinaten des Schwerpunktes.
Lösung:
a) $x_s = 5{,}00$, $y_s = 7{,}0\,LE$,
b) $x_s = 4{,}25$, $y_s = 7{,}5\,LE$,
c) $x_s = 1{,}75$, $y_s = 7{,}5\,LE$.

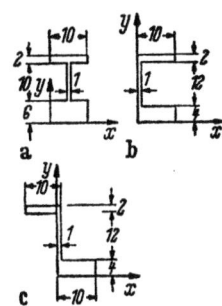

19. Aus einem quadratischen Querschnitt $ABED$ soll ein gleichschenkliges Dreieck ABC ausgeschnitten werden.
Wie groß muß die Höhe c sein, damit der Punkt C zugleich Schwerpunkt der Restfläche ist?
Lösung:
$$c = 0{,}63\,a.$$

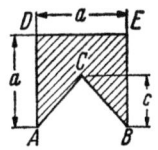

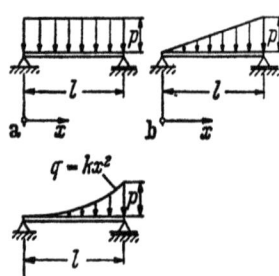

20. Für die drei Belastungsfälle gebe man Betrag R und Lage x_R der resultierenden Einzellast an.

Lösung:

a) $R = pl$, $x_R = \frac{1}{2}l$,
b) $R = \frac{1}{2}pl$, $x_R = \frac{2}{3}l$,
c) $R = \frac{1}{3}pl$, $x_R = \frac{3}{4}l$.

B. Auflagerkräfte

§ 7. Die Auflagerkräfte eines Tragwerks

Hauptziel der technischen Statik ist es, die Beanspruchung eines Tragwerks [Fachwerk, Balken, Bogen, Rahmen (Platte, Schale) usw.] zu bestimmen. Die Beanspruchung ergibt sich aus der Kenntnis der inneren Kräfte — aber die inneren Kräfte kann man erst bestimmen, wenn die äußeren Kräfte alle bekannt sind: nicht nur die Lasten, sondern auch die Auflagerkräfte, die durch die geometrische Bindung des Tragwerks, d. h. durch seine Stützung, entstehen. Wie groß die Zahl der Stützen sein darf (und muß), haben wir in § 3 schon festgestellt: Entsprechend den drei Gln. (3.5) sind drei Stützkräfte notwendig, um eine beliebig belastete Scheibe zu fixieren. Als Stützelemente können Stäbe fungieren, es gibt aber auch andere Lagerungen. Wir wollen die verschiedenen Stützungsmöglichkeiten für das ebene Tragwerk systematisch betrachten und dann für zwei Beispiele die Auflagerkräfte analytisch und graphisch bestimmen.

a) Art der Auflagerung eines Balkens. Die ebene Statik kennt zwei Arten von Tragwerken: linienförmige (Balken, Rahmen, Bogen) und ebene (Fachwerke usw.). Wir betrachten — am Balken — vier Stützungsarten und merken an, daß die beiden ersten genauso bei ebenen Tragwerken vorkommen, während die beiden anderen charakteristisch sind für linienförmige Tragwerke.

Fig. 7/1 stellt die einfache Vertikalstützung dar: „Wälzlager", „Rollenlager" und die damit gleichwertige Stützung durch einen Stab (die sog. Pendelstütze). Der Stützpunkt hat noch zwei Bewegungsmöglichkeiten: Horizontalverschiebung und Drehung; unbekannt ist nur die

§ 7. Die Auflagerkräfte eines Tragwerks

eine Komponente der Stützkraft, A_y, d. h., der Betrag einer nach Richtung und Lage bekannten Kraft.

Fig. 7/2 stellt die doppelte Stützung dar: Das „feste" oder Gelenklager und die damit gleichwertige Stützung durch zwei Stäbe. Der Stütz-

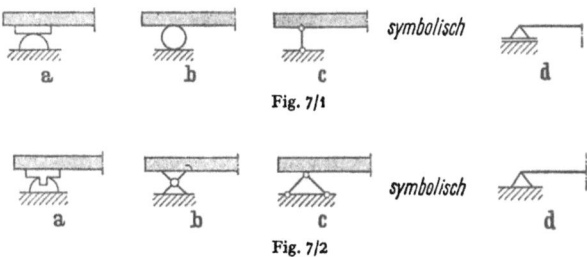

Fig. 7/1

Fig. 7/2

punkt hat nur noch eine Bewegungsmöglichkeit, die Drehung; unbekannt sind die beiden Komponenten A_x und A_y (oder Betrag und Richtung) der Stützkraft; bekannt ist nur ihre „Lage" (d. h. ein Punkt ihrer W-linie).

Fig. 7/3 stellt die „verschiebliche Einspannung" dar: das doppelte (vertikale) Gleit- oder Rollenlager und die damit gleichwertige Stützung durch zwei an der Schmalseite angreifende parallele Stäbe. Der Stützpunkt hat nur eine Bewegungsmöglichkeit, die Vertikalverschiebung. Zwei Kraftgrößen sind unbekannt: Die Horizontalkraft A_x und die Einspanndrehkraft $\widehat{A}$, die die Drehung des Endes verhindert. Faßt man

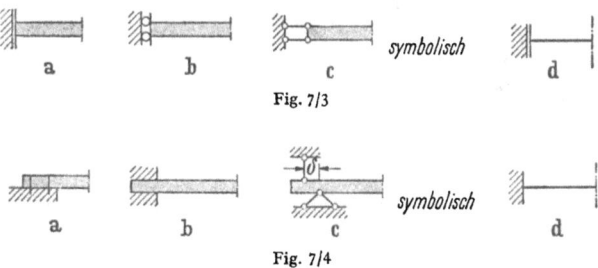

Fig. 7/3

Fig. 7/4

A_x und $\widehat{A}$ zusammen, so kann man auch sagen, daß von der Auflagerkraft Betrag und Wirkungslinie unbekannt sind, bekannt ist nur ihre Richtung.

Fig. 7/4 stellt die Einspannung dar: Die Halterung durch zwei Bolzen, die Einklemmung in die vertikale Wand und die damit gleichwertige Stützung durch drei Stäbe; die (dritte) Stabkraft C greift in einem „kleinen" Abstand δ von den beiden anderen an. Der Stützpunkt und damit der ganze Träger ist fixiert; unbekannt sind A_x, A_y und die Einspanndrehkraft $\widehat{A}$, *drei* Kraftgrößen, d. h. die Stützkraft nach Betrag, Richtung und Lage. (Auch bei der Stabstützung kann man zwei Kräfte und eine Drehkraft als die Unbekannten auffassen: Statt C bestimmt man $C \cdot \delta$, welche Größe auch für $\delta \to 0$, d. h. für die „dreifache Stützung in einem Punkt", endlich bleibt*.)

b) Analytische Bestimmung der Auflagerkräfte. Als *erstes Beispiel* dient der Balken Fig. 7/5. Um die drei Stabkräfte zu bestimmen, zeichnen wir den Balken mit den vier an ihm angreifenden Kräften, d. h., wir nehmen die Stäbe weg und ersetzen sie durch ihre „Wirkung", die drei Stützkräfte S_1, S_2, S_3 (Fig. 7/5). Die Pfeile wählen wir willkürlich, z. B. nehmen wir an, alle drei Kräfte seien Zugkräfte: Wird S_i dann positiv, so stimmt der wirkliche Pfeil mit dem gezeichneten überein (hier Zug); wird S_i negativ, so hat die Kraft das entgegengesetzte Zeichen (hier Druck).

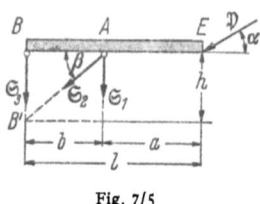

Fig. 7/5

Zur Bestimmung der drei Größen $S_{1,2,3}$ stehen uns drei Gleichungen zur Verfügung. Wir bilden $\sum X$, $\sum Y$, $\sum^{(E)} M$ im Sinne der Pfeile:

$$\leftarrow: \quad S_2 \cos\beta + P \cos\alpha = 0, \tag{7.1a}$$

$$\downarrow: \quad S_3 + S_1 + S_2 \sin\beta + P \sin\alpha = 0, \tag{7.1b}$$

$$\widehat{E}: \quad S_3 l + a \sin\beta \, S_2 + a \, S_1 = 0, \tag{7.1c}$$

wobei wir das mittlere Glied der letzten Gleichung gewinnen können, entweder als

$$(a \sin\beta) \times S_2,$$

d. h.,

(Abstand der Wirkungslinie s_2 von $E) \times S_2$,

oder als

$$a \times (\sin\beta \, S_2),$$

d. h.,

E-Abstand der (allein drehenden) y-Komp. $\times$ (y-Komp. von S_2).

Die drei Gln. (7.1) genügen zur Bestimmung von S_1, S_2, S_3. Die dritte Gleichung ist aber offenbar nicht besonders zweckmäßig gewählt, denn sie enthält alle drei Unbekannten. Mit A als Bezugspunkt (Drehpunkt) ergibt sich

$$\widehat{A}: \quad b S_3 - a \sin\alpha \, P = 0, \tag{7.1d}$$

d. h., wenn man als Momentenbezugspunkt den Schnittpunkt zweier Unbekannten wählt, erhält man die dritte Unbekannte ohne weitere

---

* „In einem Punkt" heißt: in einem Bereich, der klein ist, verglichen mit der übrigen Erstreckung des Balkens. — Drei „endliche" Stützen dürfen (wie wir in § 3d festgestellt haben) *nicht* durch einen Punkt gehen, wenn die Stützung alle drei Bewegungen verhindern soll.

§ 7. Die Auflagerkräfte eines Tragwerks

Elimination [wie (7.1 a—c) sie erfordern würde]. Entsprechend wird man für die „direkte" Bestimmung von S_1 den Punkt B' wählen:

$$\widehat{B'}: \quad b\,S_1 + (l \sin\alpha - h \cos\alpha)\,P = 0, \tag{7.1e}$$

und ein Blick auf die Gln. (7.1) führt auf die folgende Regel: Man bestimme jede Unbekannte einzeln durch Wahl des geeigneten Momentensatzes (oder, wenn zwei parallel sind, durch Benutzung des Kräftesatzes für die dazu senkrechte Richtung) und kontrolliere die Rechnung dann (eine Ingenieurrechnung ohne Kontrolle ist wertlos) durch Einsetzen in eine alle Unbekannten enthaltende Aussage — hier z. B. $\sum Y = 0$.

Man kann also sogar mit *drei Momentensätzen* arbeiten statt mit $\sum X, \sum Y, \sum M = 0$. Mit einer Einschränkung allerdings, die sehr plausibel ist, und die wir deshalb nur am Beispiel verifizieren; *die drei Bezugspunkte dürfen*, wenn wir drei unabhängige Aussagen haben wollen, *nicht auf einer Geraden liegen*. In der Tat würde $\widehat{B}$ liefern:

$$\widehat{B}: \quad b \sin\beta\, S_2 + b\, S_1 + l \sin\alpha\, P = 0, \tag{7.1f}$$

und diese Aussage ist gegenüber (7.1 c, d) nicht neu: Sie folgt, wenn man (7.1 d) mit $-l/a$, (7.1 c) mit $+b/a$ multipliziert und addiert.

Als *zweites Beispiel* betrachten wir den Dachbinder Fig. 7/7 unten. Wir denken uns die Kräfte $A_y, B \equiv B_y$ nach oben, die Kraft A_x nach rechts wirkend, und erhalten B aus dem Momentensatz um A:

$$\widehat{A}: \quad a_1 P_1 + a_2 \cos\beta\, P_2 + a_3 \cos\gamma\, P_3 - l\,B = 0, \tag{7.2a}$$

A_y aus dem Momentensatz um B^* (B^* ist der Schnitt der Wirkungslinien von A_x und B, also nicht notwendig das Lager B):

$$\widehat{B^*}: \quad (l - a_1)\, P_1 + (l - a_2) \cos\beta\, P_2 + (l - a_3) \cos\gamma\, P_3 - l\,A_y = 0, \tag{7.2b}$$

A_x schließlich aus $\sum X = 0$

$$\leftarrow: \quad P_2 \sin\beta + P_3 \sin\gamma - A_x = 0. \tag{7.2c}$$

Zur Kontrolle für A_y, B (bei A_x ist die Gefahr des Verrechnens gering) dient $\sum Y = 0$, d. h.

$$\downarrow: \quad P_1 + P_2 \cos\beta + P_3 \cos\gamma - A_y - B = 0. \tag{7.2d}$$

Im Beispiel ergibt sich mit $\tan\beta = \tan\gamma = \tfrac{1}{3}$

$$A_x = 2\,\text{Mp}, \quad A_y = 6\,\text{Mp}, \quad B = 4\,\text{Mp}.$$

c) Graphische Bestimmung der Auflagerkräfte. 1. Greifen an der durch 3 Stützen gehaltenen starren Scheibe nur wenige äußere Kräfte an, oder ist ihre Resultierende $\mathfrak{P}$ schon bekannt, so verwendet man das Verfahren der CULMANNschen Geraden. Fig. 7/6a ist die Umkehrung der Fragestellung der Fig. 4/3a: Die Scheibe werde durch eine Kraft belastet und durch drei Stäbe gestützt. Die drei Stabkräfte sind nach Richtung und Lage bekannt, ihre Größen S_i sollen bestimmt werden, indem *graphisch* die beiden Kräftesätze und der Momentensatz erfüllt werden. Wieder zeichnen wir Lage- und Kräfteplan:

Unter den unendlich vielen Vierecken, die im Kräfteplan die Bedingung $\sum X, \sum Y = 0$ erfüllen, ist nur eines, das auch den Momentensatz erfüllt. Man erhält es mit Hilfe der „CULMANNschen* Geraden", der Zwischenresultierenden zweier Stabkräfte. Faßt man $\mathfrak{S}_1$ und $\mathfrak{S}_2$

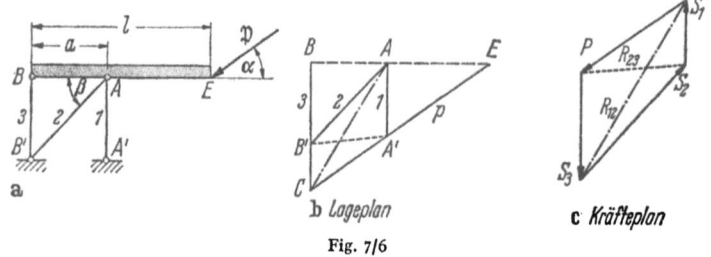

b *Lageplan*   c *Kräfteplan*
Fig. 7/6

zu $\mathfrak{R}_{12}$ zusammen, so muß die Wl durch A gehen; soll sie die Restkräfte $\mathfrak{S}_3$ und $\mathfrak{P}$ ins Gleichgewicht setzen, so muß sie mit deren Resultierenden dieselbe Wl haben. Das heißt, r_{12} muß durch A und durch C, den Schnittpunkt von $\mathfrak{P}$ und $\mathfrak{S}_3$ gehen, und damit hat man die Richtung von $\mathfrak{R}_{12}$ auch im Krafteck. Die strich-punktierte Linie schneidet den Endpunkt von $\mathfrak{S}_3$ ab und legt damit das Krafteck fest. Natürlich kann man auch $\mathfrak{R}_{23} = \mathfrak{S}_2 + \mathfrak{S}_3$ als CULMANN-Gerade benutzen (die punktierten Linien).

2. Hat man es mit einer größeren Zahl von Lasten zu tun, so kombiniert man die CULMANNsche Idee der Teilresultierenden mit dem Seileck. In Fig. 7/7 ist der Gedanke an einem Beispiel durchgeführt. Wie bei der Resultierendenbestimmung überträgt man Lage, Richtung und Betrag der gegebenen Kräfte in die Pläne Fig. 7/7b und 7/7c. In den Lageplan zeichnet man zusätzlich den Ort des festen Lagers A und die Wirkungslinie b der Rollenlagerkraft B ein. Nun wählt man (das ist wesentlich) die Wirkungslinie der willkürlichen Zusatzkraft $\mathfrak{K}_0$ so, daß sie durch das feste Lager A geht, und zeichnet Seil- und Krafteck wie bisher. Anstatt aber $-\mathfrak{K}_0$ und $\mathfrak{K}_n$ zu der (uninteressanten) Resultierenden der äußeren Kräfte zusammenzufassen, verschafft man sich zwei Teilresultierende: aus $\mathfrak{A}$ und $-\mathfrak{K}_0$, und aus $\mathfrak{K}_n$ und $\mathfrak{B}$. Von diesen Teilresultierenden ist je ein Punkt der Wirkungslinie bekannt: A und B'. Ihre gemeinsame Wirkungslinie *ist* daher AB'. Man nennt

---
* CARL CULMANN, 1821—81, Prof. am Polyt. in Zürich.

§ 8. Die Auflagerkräfte beim Mehrgelenkträger

AB' die „Schlußlinie" z des Seilecks, und indem man eine Parallele zu z ins Krafteck überträgt, erhält man dort die Teilresultierende $\mathfrak{Z}$. Da $\mathfrak{K}_n$ nach Größe und Richtung, $\mathfrak{B}$ und $\mathfrak{Z}$ der Richtung nach bekannt sind, kann man das Dreieck II, III, Z, d. h. die Auflagerkraft $\mathfrak{B}$, zeichnen. Damit liegt auch das Dreieck $II, 0, Z$ fest, d. h. $\mathfrak{A}$.

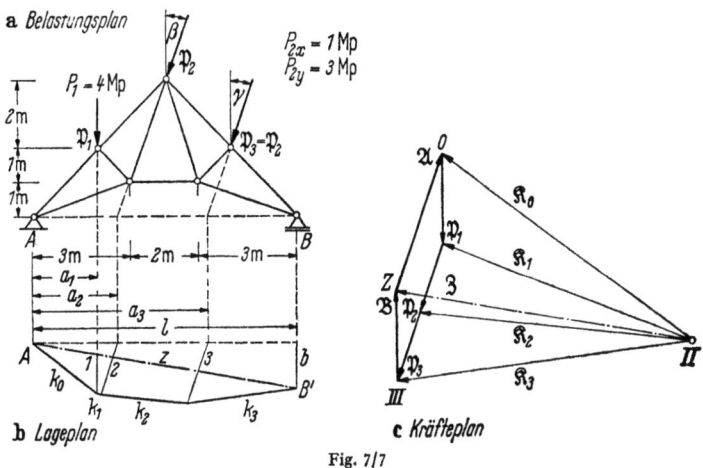

Fig. 7/7

§ 8. Die Auflagerkräfte beim Mehrgelenkträger

a) Der Dreigelenkbogen. Der Bogenträger Fig. 8/1 heißt ein Zweigelenkträger. Soll er statisch bestimmt gelagert sein, so muß eins der Lager als Rollenlager ausgebildet werden, denn es dürfen nur *drei* Auflagerkräfte unbekannt sein. Wie wir in § 13 sehen werden, hängt

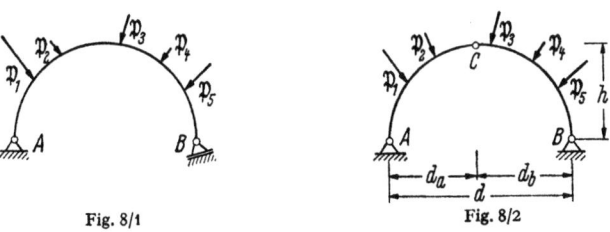

Fig. 8/1   Fig. 8/2

der Kraftverlauf im Bogen sehr stark ab von der Richtung der Kraft B, die in Wirklichkeit natürlich nicht auf ein paar Grad genau festliegt. Diesen Nachteil vermeidet der Dreigelenkträger Fig. 8/2, der an jedem Lager A, B durch zwei Auflagerkräfte gestützt und durch ein zusätzliches Gelenk, z. B. im Scheitel C, wieder statisch bestimmt gemacht wird.

Der Bogen Fig. 8/2 ist eine Kombination aus zwei starren Trägern (Scheiben), und die Berechnung der Stützkräfte muß von dieser Tatsache ausgehen. Trennt man die Körper voneinander, so hat man, da wegen actio = reactio die Gelenkkräfte G_x, G_y für die beiden Hälften entgegengesetzt gleich sind, sechs unbekannte Stützkräfte; zu ihrer Bestimmung stehen die zweimal drei Gleichgewichtsaussagen für zwei starren Träger zur Verfügung.

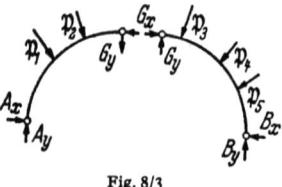

Fig. 8/3

Die Fig. 8/3 mit den sechs zugehörigen Gleichungen löst die Aufgabe im Prinzip. Praktisch aber wird man versuchen, anstelle der Kräftesätze Momentensätze zu benutzen, und zwar so, daß die Gelenkkraft $\mathfrak{G}$, die man ja i. allg. nicht wissen will, von vornherein eliminiert wird. Man erreicht das, indem man viermal den Momentensatz benützt:

$$\left.\begin{array}{l} \overset{\frown}{B} \text{ für Gesamtgebilde:} \quad b_1 P_1 + b_2 P_2 + \cdots + b_5 P_5 - d A_y = 0 \\ \overset{\frown}{A} \text{ für Gesamtgebilde:} \quad a_1 P_1 + a_2 P_2 + \cdots + a_5 P_5 - d B_y = 0 \\ \overset{\frown}{C} \text{ für linke Hälfte:} \quad c_1 P_1 + c_2 P_2 - d_a A_y + h A_x \quad\quad = 0 \\ \overset{\frown}{C} \text{ für rechte Hälfte:} \quad c_3 P_3 + c_4 P_4 + c_5 P_5 - d_b B_y + h B_x = 0 \end{array}\right\} \quad (8.1)$$

Darin sind a_i, b_i, c_i die (senkrechten) Abstände der Kraft-W-linien von den Gelenken A, B, C. Die Komponenten $A_x \ldots$ der Auflagerkräfte wird man so wählen, daß die Verbindungslinie der Auflager zur x-Richtung wird (in unserem Beispiel horizontal) — die beiden ersten Gleichungen enthalten dann nur je eine Unbekannte. *Zur Kontrolle* dienen die Gleichungen $\sum X = 0$, $\sum Y = 0$ für den Gesamtbogen.

Ist die rechnerische Bestimmung der Auflagerkräfte mit Hilfe von (8.1) nur wenig umständlicher als beim Zweigelenkträger (4 statt 3 Gleichungen), so ist man *graphisch* schlechter dran; da keine der Lagerkraftrichtungen von vornherein bekannt ist, kann man für das Gesamtgebilde die Schlußlinie nicht bestimmen. Man muß sich dadurch helfen, daß man die Aufgabe unterteilt: Wenn nämlich nur der $\begin{Bmatrix}\text{linke} \\ \text{rechte}\end{Bmatrix}$ Teil belastet ist, wirkt (wegen des Gelenkes C) der $\begin{Bmatrix}\text{rechte} \\ \text{linke}\end{Bmatrix}$ Teil als Pendelstütze, deren Wirkungslinie $\begin{Bmatrix}BC \\ AC\end{Bmatrix}$ man nun kennt.

Für die Teilprobleme kann man also vorgehen wie in Fig. 7/7 (Seilstrahlen $0'$ und $5''$ durch die Lagerpunkte!) und erhält in Fig. 8/4 die Teilstützkräfte $\mathfrak{A}_1, \mathfrak{B}_1, \mathfrak{A}_2, \mathfrak{B}_2$; durch geometrische Addition entstehen daraus die endgültigen **Auflagerkräfte** $\mathfrak{B}_2 + \mathfrak{B}_1 = \mathfrak{B}$, $\mathfrak{A}_2 + \mathfrak{A}_1 = \mathfrak{A}$ — in der Figur gestrichelt.

Der Pol Π ist in Fig. 8/4 links vom Krafteck gewählt. Das ist zweckmäßig, wenn die äußeren Kräfte als Rechtsbogen angeordnet sind:

§ 8. Die Auflagerkräfte beim Mehrgelenkträger

Die Hilfskräfte $0' \ldots 5'$ bilden dann größere Winkel miteinander, und man erhält im Lageplan bessere Schnitte.

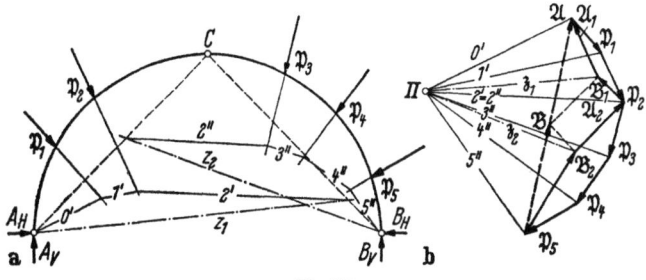

Fig. 8/4

Die Gestalt der beiden starren Scheiben in Fig. 8/3 ist natürlich ohne Bedeutung für die Frage nach den Auflagerkräften. Das Fachwerk Fig. 8/5 ist genau wie der Bogen Fig. 8/2 ein Dreigelenkträger — eine Kombination aus zwei in sich starren Scheiben, die sich an einem Punkt gegeneinander abstützen. Der Leser sollte zur Übung die Auflagerkräfte in Fig. 8/5 rechnerisch und graphisch bestimmen. (Die Last $\mathfrak{P}_2$ kann man bei der graphischen Konstruktion zum linken *oder* zum rechten Teilkörper schlagen.)

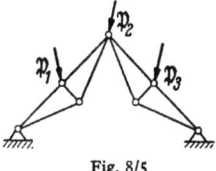

Fig. 8/5

b) Mehrgelenkbalken; Kugelsysteme. Den ebenen Mehrgelenkträger wollen wir, da er technisch unwichtig ist, hier nicht allgemein diskutieren. Nur zwei — nach ganz verschiedenen Richtungen gehende — Sonderfälle sollen kurz behandelt werden: der Gelenkbalkenträger und Gebilde, die aus mehreren Kugeln (oder Zylindern) aufgebaut sind.

Beim Balken, der nur vertikale Lasten und Stützkräfte erfährt, ist die Aussage $\sum X = 0$ identisch erfüllt. Es ist dann sinnvoll, die X-Kräfte aus der Gleichungsabzählung herauszulassen. Zur Bestimmung der zwei Auflagerkräfte des Balkens Fig. 8/6a stehen daher *zwei* Gleichungen $\sum Y = 0$, $\sum M = 0$ zur Verfügung. Ist der Balken an drei Punkten gestützt, so muß er ein Gelenk enthalten, wenn er sta-

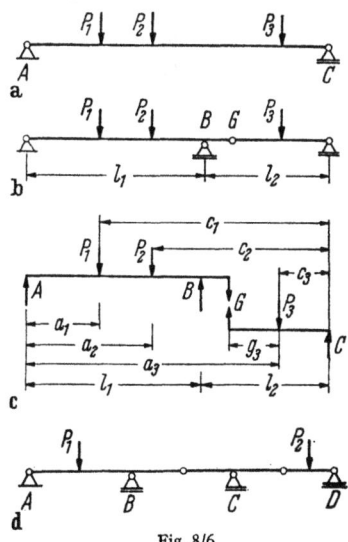

Fig. 8/6

tisch bestimmt gelagert sein soll (Fig. 8/6b). Die Berechnung der Auflagerkräfte fordert, wie in Fig. 8/3, Trennung in die beiden Teilbalken, den Kragträger (links) und den Schleppträger (rechts) (Fig. 8/6c). Mit den dort eingetragenen Abmessungen ergibt die dreimalige Anwendung des Momentensatzes

$$\left.\begin{array}{l}\widehat{A} \text{ (Gesamtträger):} \quad \sum_1^3 a_i P_i - l_1 B - (l_1 + l_2) C = 0, \\ \widehat{C} \text{ (Gesamtträger):} \quad \sum_1^3 c_i P_i - l_2 B - (l_1 + l_2) A = 0, \\ \widehat{G} \text{ (Schleppträger):} \quad g_3 P_3 - (c_3 + g_3) C = 0, \end{array}\right\} \quad (8.2)$$

woraus man C, B, A (in dieser Reihenfolge) erhält. Kontrolle: $A + B + C = \sum P_i$.

Entsprechend gilt für den Balken auf vier Stützen (Fig. 8/6d), daß er zwei Gelenke enthalten muß; diesmal ist zur Bestimmung der Auflagerkräfte A, B, C, D eine Zerlegung in drei Teilbalken erforderlich — wenn man nicht, was wir in §15e tun wollen, den sog. Arbeitssatz (eine Art erweiterten Momentensatz) heranzieht.

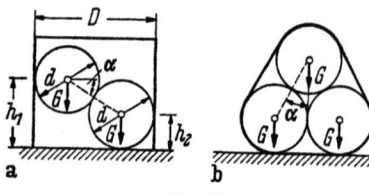

Fig. 8/7

Ganz anderer Art sind die „Kugelaufgaben", von denen zwei in Fig. 8/7 skizziert sind.

a) In einem zylindrischen, unten offenen Gefäß (Durchmesser D) liegen zwei gleiche Kugeln (Gewicht G, Durchmesser d); alle Körper sollen einander und den Boden ohne Haftung berühren — wie groß muß das Gewicht Q des Zylinders sein, damit das Ganze nicht umkippt? Fig. 8/8a zeigt das Kräftespiel in der Mittelebene des Zylinders. Die auf die glatten Kugeln wirkenden Kräfte N gehen durch die Mittelpunkte, so daß für die Kugeln die Momentensätze von selbst

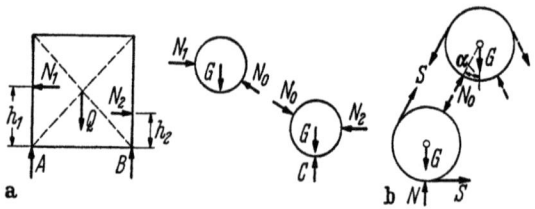

Fig. 8/8

erfüllt sind. Da auf das Gesamtgebilde nur vertikale Lasten wirken (die Gewichte), sind die vom glatten Boden ausgeübten Stützkräfte A, B vertikal ($\sum X$ von selbst erfüllt). Für die Bestimmung der 6 Unbekannten A, B, C, N_1, N_2, N_0 stehen also 6 Gleichungen zur Verfügung:

§ 8. Die Auflagerkräfte beim Mehrgelenkträger

$\sum X = \sum Y = 0$ für jede Kugel, $\sum Y = 0$ und $\sum M = 0$ (oder zweimal $\sum M = 0$) für den Zylinder. Aus

$$\sum X = 0$$

für die Kugeln folgt

$$N_1 = N_0 \cos\alpha, \quad N_2 = N_0 \cos\alpha, \tag{8.3a, b}$$

aus $\sum Y$ für die obere Kugel

$$N_0 = G/\sin\alpha \tag{8.3c}$$

(die Gleichung $\sum Y$ für die untere Kugel bestimmt die uninteressante Kraft C).

Der Momentensatz für die Zylinderpunkte A, B liefert

$$B = \frac{Q}{2} - \frac{h_1 N_1 - h_2 N_2}{D}, \quad A = \frac{Q}{2} + \frac{h_1 N_1 - h_2 N_2}{D}. \tag{8.3d, e}$$

Kippen tritt ein für $B = 0$. Mit $\tan\alpha = (h_1 - h_2)/(D - d)$ folgt aus (8.3a–d):

$$Q = 2G\frac{D-d}{D}. \tag{8.4}$$

Gleichgewicht fordert also $Q > 2G\dfrac{D-d}{D}$.

Die Aufgabe Fig. 8/7b lautet: Drei glatte Walzen werden durch ein Seil mit einer (wegen des Momentensatzes überall gleichen) Seilkraft S zusammengehalten; wie groß ist S, wenn die beiden unteren Walzen einander ohne Kraft berühren sollen? Wegen der Symmetrie brauchen wir nur zwei der drei Walzen herauszuzeichnen: Aus $\sum Y = 0$ für die obere Walze folgt (Fig. 8/8b)

$$(N_0 - S)\cos\alpha = G/2.$$

$\sum X = 0$ für die untere Walze liefert

$$(N_0 - S)\sin\alpha = S.$$

Elimination von N_0 ergibt

$$S = \frac{G}{2}\tan\alpha = \frac{1}{2\sqrt{3}}G \quad (\text{wegen } \alpha = 30°).$$

Die „Kugel"-Aufgaben sind gut geeignet, das Gefühl für die Anwendung des Schnittprinzips und der Gleichgewichtsforderungen zu schulen. Vom systematischen Standpunkt aus haben sie einen Nachteil: Das Wichtigste, die Abzählung „Unbekannte ↔ Gleichungen", folgt keiner einfachen Regel, weil immer einzelne selbstverständliche Aussagen wegbleiben — der glatte Ablauf der Rechnung ist ein wenig Glücksache, was die Mechanik i. allg. *nicht* sein sollte.

Aufgaben zu B

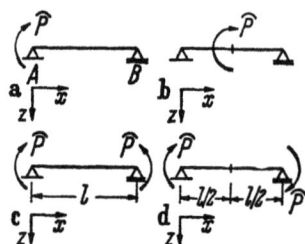

1. Man bestimme die Auflagerkräfte für die vier Lastfälle a) ÷ d).
Lösung:

a), b) $\uparrow A = -\dfrac{\widehat{P}}{l}$, $\uparrow B = \dfrac{\widehat{P}}{l}$;

c) $A = 0$, $B = 0$;

d) $\uparrow A = -\dfrac{2\widehat{P}}{l}$; $\uparrow B = \dfrac{2\widehat{P}}{l}$.

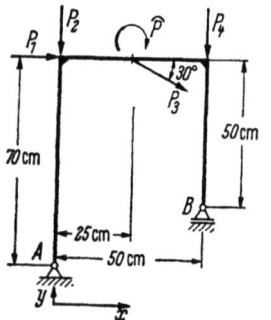

2. Man berechne für den Rahmen die Auflagerreaktionen in A und B.

$P_1 = 1$ kp, $P_2 = 2$ kp, $P_3 = 2$ kp, $P_4 = 1$ kp,
$P = 100$ kpcm.

Lösung:

$\uparrow B = 7{,}32$ kp, $\overrightarrow{A_x} = -2{,}73$ kp, $\downarrow A_y = 3{,}32$ kp.

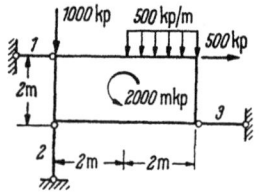

3. Man berechne die Kräfte in den 3 Stäben S_i, mit denen die nebenstehende Scheibe gelagert ist (analytische Lösung).
Lösung:

$S_1 = 1000$ kp, $S_2 = -2000$ kp, $S_3 = 500$ kp.

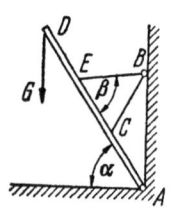

4. Am Ende D eines gewichtslosen Balkens AD hängt ein Gewicht G. Der Balken ist in A gelenkig befestigt, und wird von einem biegsamen Faden CBE gehalten, der bei B durch einen glatten Ring läuft.

Es ist $\overline{AC} = \overline{ED}$ und $\overline{BC} = \overline{BE}$. α und β sind gegeben. Man ermittle analytisch
a) die Fadenkraft S,
b) die Gelenkkraft in A,
c) den Winkel zwischen der Gelenkkraft und der Vertikalen AB.

Lösung:

a) $S = G \cot \alpha$,

b) $\overleftarrow{A} = G \sin 2\alpha$, $\uparrow A = -G \cos 2\alpha$,

c) $\varphi = 2\alpha$.

Aufgaben zu B

5. Man bestimme die Auflagerkräfte des skizzierten Balkens graphisch und analytisch:
Lösung:
$S_1 = -\sqrt{2}P$, $S_2 = +P$, $\uparrow B = P$.

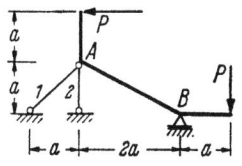

6. Ein glatter homogener Stab (Länge 4 m, Gewicht $G = 60$ kp) stützt sich mit einem Ende (C) auf den glatten Boden und lehnt sich im Winkel $\alpha = 30°$ an eine senkrechten Wand ($h = 3$ m). Bei C wird er durch ein Seil AC festgehalten. Es sind analytisch und graphisch Seilkraft S und Auflagerreaktionen B und C zu bestimmen.

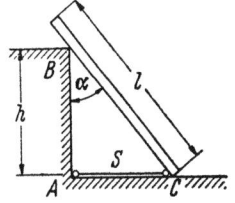

Lösung:
$B = 17,3$ kp, $C = 51,3$ kp, $S = 15,0$ kp.

7. Die Auflagerreaktionen des Trägers unter der Belastung
$$q = 4P/l$$
sind graphisch und analytisch zu bestimmen.

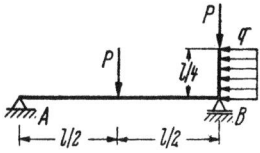

Lösung:
$\vec{A}_x = P$, $\uparrow A_y = \dfrac{5}{8} P$, $\uparrow B_y = \dfrac{11}{8} P$.

8. Eine halbkreisförmige Scheibe (Eigengewicht vernachlässigbar) wird von 3 Stäben gestützt und durch eine Drehkraft $\widehat{P} = P a$ und eine Kraft P bei A belastet.
Wie groß sind die Stabkräfte S_i? ($a = 1{,}5$ m, $P = 5$ Mp.)
a) Analytische Lösung,
b) graphische Lösung.
Hinweis: Bei der graphischen Lösung zerlege man das Drehmoment $\widehat{P}$ in ein „Kräftepaar".

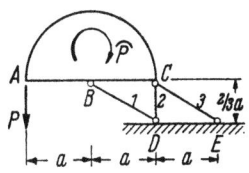

Lösung:
$S_1 = -9{,}0$ Mp, $S_2 = -5{,}0$ Mp, $S_3 = +9{,}0$ Mp.

9. Man bestimme graphisch Auflager- und Gelenkkräfte A, B, G an dem nebenstehenden kreisförmigen Dreigelenkbogen.
Man kontrolliere das Ergebnis durch Rechnung.

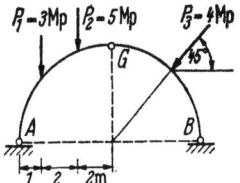

Lösung:
$A = 8{,}26$ Mp, $B = 3{,}23$ Mp, $G = 3{,}23$ Mp.

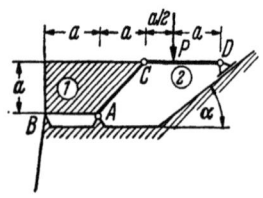

10. Die homogene Scheibe ① vom Gewicht G sei bei A gelenkig und bei B auf einer Schneide gelagert. Der gewichtslose Balken ②, der die Last P trägt und im Punkt C gelenkig mit der Scheibe verbunden ist, stützt sich im Punkt D gegen die glatte schiefe Ebene. (Neigungswinkel α.)

Man bestimme in Abhängigkeit von α den Wert P_{max}, für den das System gerade noch im Gleichgewicht bleibt.

Lösung:
$$P_{max} = \frac{2}{3} G \frac{1}{2 - \tan \alpha}.$$

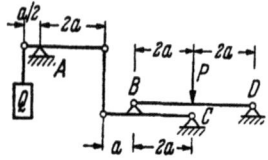

11. Wie groß ist die Kraft P, die der Last Q das Gleichgewicht hält? Wie groß sind die Auflagerkräfte A, B, C und D?

Lösung:
$P = \tfrac{3}{4}Q$, $\uparrow A = \tfrac{1}{4}Q$, $\uparrow B = \uparrow D = \tfrac{3}{8}Q$, $\uparrow C = \tfrac{7}{8}Q$.

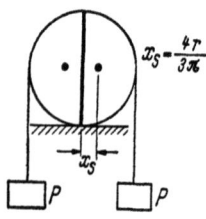

12. Ein vertikal gespaltener, glatter Zylinder vom Gewicht Q ruht auf einer horizontalen Ebene und soll durch ein übergehängtes Seil mit den Endlasten P zusammengehalten werden.

Wie groß muß dazu P mindestens sein?

$$\left(x_s = \frac{4r}{3\pi}\right).$$

Lösung:
$$P \geq \frac{2}{3\pi} Q.$$

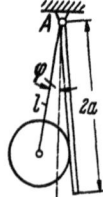

13. Ein Stab (Länge $2a$, Gewicht Q) und eine Rolle mit Seil (Radius r, Gewicht G, Seillänge l) sind in Punkt A befestigt.

Wie groß ist der Winkel φ in der Gleichgewichtslage?

Lösung:
$$\cot \varphi = \sqrt{\left(\frac{l}{r}\right)^2 - 1} + \frac{G l^2}{Q a r}.$$

14. Ein glatter Zylinder (Gewicht G, Radius r) liegt zwischen den um α gegeneinander geneigten, in C gelenkig verbundenen Pfosten eines Sägebocks. Die Pfosten werden durch eine Kette DE in ihrer Lage gehalten.

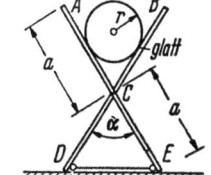

a) Wie groß ist die Kraft Z in der Kette?
b) Wie groß ist die Gelenkkraft C?
c) Wie groß sind die Auflagerkräfte D, E auf dem glatten Boden? ($G = 100$ kp, $\alpha = 60°$, $r = 0{,}5$ m, $a = 2$ m.)

Lösung:
  a) $Z = 78{,}8$ kp, b) $C = 165{,}5$ kp,
  c) $D = E = 50$ kp.

15. Auf zwei gleich großen gewichtslosen glatten Walzen (Radius r), die durch einen Stab $\overline{O_1 O_2} = 2a$ verbunden sind, liegen zwei gewichtslose Stäbe von gleicher Länge l. Die Stäbe sind in C gelenkig verbunden und tragen an ihren Enden eine Last Q.

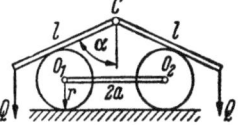

a) Aus welcher Gleichung kann man den Winkel α für die Gleichgewichtslage ermitteln?
b) Wie groß ist die Gelenkkraft in C?
c) Welche Kraft wirkt in der Stange $\overline{O_1 O_2}$?

Lösung:
  a) $a + r \cos\alpha = l \sin^3\alpha$,
  b), c) $C = S = Q \cot\alpha$.

C. Das Fachwerk

§ 9. Stabkräfte im ebenen Fachwerk

Zu Anfang von § 7 haben wir festgestellt, daß es eines der Hauptziele der technischen Statik ist, die Beanspruchung eines Tragwerks zu bestimmen. Drei Schritte — die sich auf das Schnittprinzip stützen — führen zu diesem Ziel.

Erster Schritt: Die *Lasten* werden vom Träger gelöst und durch äußere Kräfte ersetzt (Kraftbegriff: actio = reactio, die reactio auf die Lasten wird nicht weiter betrachtet).

Zweiter Schritt: Die *Auflager* werden abgetrennt und durch äußere Kräfte ersetzt; diese Kräfte ergeben sich aus der Gleichgewichtsforderung für das Gesamttragwerk.

Dritter Schritt: Durch Aufschneiden des Tragwerks werden die *inneren Kräfte* sichtbar gemacht; sie bestimmen sich aus der Gleichgewichtsforderung für einen Tragwerksteil (oder ein geeignet herausgeschnittenes „Element").

Von den inneren Kräften führt dann eine einfache Umrechnung zu den *Spannungen* (den Kräften pro Flächeneinheit) — womit man weiß, ob das Bauelement „hält".

In den nächsten Paragraphen betrachten wir der Reihe nach verschiedene Tragwerke; wir beginnen mit dem ebenen Fachwerk.

Ein Fachwerk ist ein aus Stäben zusammengefügtes Tragwerk, über das wir die folgenden idealisierenden Annahmen machen:

1. Die Stäbe sind gerade.
2. Die Stäbe sind an den *Knoten* zentrisch angeschlossen.
3. Die Stäbe sind an den Knoten gelenkig, d. h. frei drehbar, angeschlossen.
4. Die Lasten wirken nur in den Knoten.

Von diesen vier Idealisierungen sind die beiden ersten so gut wie exakt erfüllt; die dritten und vierten nur sehr näherungsweise — aber der Vergleich der „idealen" Stabkräfte mit den wirklichen (gemessenen oder gerechneten) zeigt, daß diese Abweichungen nur „Nebenspannungen" hervorrufen, die das Kräftebild im großen nicht ändern. Aus den Idealisierungen folgt, daß die Stäbe nur Druck- und Zugkräfte (keine Biegungskräfte) übertragen, denn ein beiderseits gelenkig gelagerter Stab kann Endkräfte, die gegen die Stabachsen geneigt sind, nicht ins Gleichgewicht setzen (Fig. 9/1).

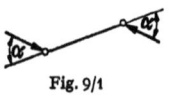

Fig. 9/1

Die Stabkräfte können graphisch oder rechnerisch bestimmt werden. Wir zeigen die beiden Verfahren am gleichen Beispiel und diskutieren dann die Frage, welcher Art das Fachwerk sein muß, wenn die Verfahren arbeiten sollen.

a) Das Knotenpunktverfahren. Greifen an einem Knoten Lasten und Stäbe an, und sind *zwei* Stabkräfte unbekannt, so erhält man diese aus einem Kräftepolygon (d. h. aus den Bedingungen $\sum X$, $\sum Y = 0$). Man kann nun diese Polygone zu einem Plan, dem sog. CREMONA*-*Plan* zusammenfassen, wenn man nur beim Zeichnen der Kräfte eine bestimmte Reihenfolge festhält, die man durch einen „Umlaufsinn" (um die Knoten; für die äußeren Kräfte um das ganze Fachwerk) festlegt.

Im Beispiel Fig. 9/2 seien die Auflagerkräfte schon bestimmt (graphisch oder rechnerisch, vgl. § 7b, c). Dann steht das Fachwerk unter den äußeren Lasten $\mathfrak{P}_i$, $\mathfrak{A}$, $\mathfrak{B}$ im Gleichgewicht. Indem wir diese Kräfte in einer bestimmten Reihenfolge in den Kräfteplan einzeichnen, haben wir den erwähnten Umlaufsinn schon festgelegt; im Beispiel ist es der in Fig. 9/2a gezeichnete Rechtspfeil. Nun geht man aus von

---

* LUIGI CREMONA, 1830—1903, Mathematiker.

§ 9. Stabkräfte im ebenen Fachwerk

einem Knoten, an dem nur *zwei* unbekannte Kräfte angreifen, z. B. dem Lagerknoten *I*. Dort hat man das (sich schließende) Krafteck $\mathfrak{A}, 1, 2$, findet also die beiden ersten Stabkräfte (wir bezeichnen die

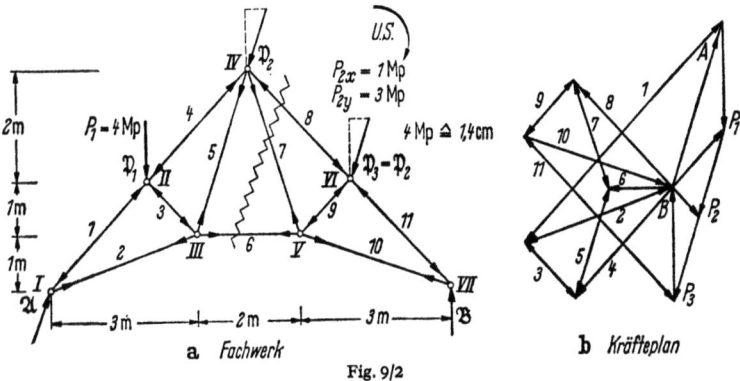

a Fachwerk   b Kräfteplan

Fig. 9/2

Stabkräfte S_i einfach mit den Nummern der Stäbe). Die Pfeile *1* und *2* werden in Fig. 9/2a am Knoten angetragen. Die Gegenkraft zu *1* greift als bekannte Kraft am Knoten *II* an (Pfeil dort eingetragen!). Aus dem Krafteck für diesen Knoten ergeben sich S_4 und S_3. Nachdem man S_2 und S_3 kennt, sind am Knoten *III* noch S_5 und S_6 unbekannt, und man erhält das Krafteck 2, 3, 5, 6 — in dieser Reihenfolge. So geht das Spiel weiter, bis alle Stabkräfte gezeichnet sind. Dabei ergeben sich Kontrollen: Im vorletzten Krafteck wird die Richtung der abschließenden Linie durch zwei Bedingungen festgelegt, und das letzte Krafteck (hier das für das Lager *VII*) muß sich von selbst schließen. Das sind 3 Kontrollen, die daher rühren, daß die äußeren Kräfte ja nicht beliebig waren, sondern (einschließlich der Auflagerkräfte) den drei Bedingungen $\sum X, \sum Y, \sum M = 0$ für das Gesamttragwerk genügten.

In der nebenstehenden Tabelle ist das Ergebnis zusammengestellt; + bedeutet Zug, — bedeutet Druck. Das Vorzeichen entnimmt man Fig. 9/2a, wo die Pfeile so eingetragen sind, wie sie *auf die Knoten* wirken (s. auch § 2c).

Wir fragen nun anhand unseres Beispiels nach der Zahl der Unbekannten und der Aussagen, d. h. danach, unter welchen Bedingungen so ein CREMONA-Plan klappt. Das Fachwerk hat (mit den Lagerknoten) 7 Knoten. Für jeden Knoten werden (geometrisch) die Bedingungen $\sum X, \sum Y = 0$ formuliert; im ganzen haben wir also 14 Aussagen. Dem stehen gegenüber als Unbekannte 11 Stab- und

S	Mp
1	—11,2
2	+ 6,4
3	— 2,8
4	— 8,4
5	+ 4,2
6	+ 2,6
7	+ 4,2
8	— 7,0
9	— 2,8
10	+ 6,2
11	— 8,4

3 Auflager-Kräfte (A_x, A_y, B, vgl. § 7b, c)

$$14 = 11 + 3,$$

oder allgemein

$$2k = s + a, \qquad (9.1)$$

wenn k die Zahl der Knoten, s die der Stäbe, a die der Auflager bezeichnet. Wir kontrollieren die Formel an demselben Fachwerk, dem wir die Stäbe „3" und „9" (und natürlich die Lasten $\mathfrak{P}_1$ und $\mathfrak{P}_3$) wegnehmen. Dann werden „1" und „4", „8" und „11" zu je einem Stab, so daß 7 Stäbe verbleiben. Die Zahl der Knoten reduziert sich auf fünf, d. h., aus (9.1) folgt:

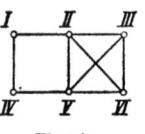

Fig. 9/3

$$2 \cdot 5 = 7 + 3,$$

was offensichtlich richtig ist.

Allerdings ist die Bedingung (9.1) für die Lösbarkeit der statischen Aufgabe nur eine notwendige, keineswegs eine hinreichende Bedingung. Die Fig. 9/3 zeigt ein einfaches Gegenbeispiel: 6 Knoten, 9 Stäbe, dazu 3 Auflagerkräfte — das würde (9.1) erfüllen; aber ganz offenbar ist das linke Viereck wacklig, und daß das rechte dafür einen Stab zuviel hat, hilft dem Tragwerk wenig. Es wird also notwendig sein, den Sinn der Gl. (9.1) noch schärfer zu präzisieren. Bevor das aber geschehen soll, wollen wir an demselben Beispiel das rechnerische Verfahren kennenlernen:

b) Das (Rittersche) Schnittverfahren.* Trennt man das Fachwerk auf, indem man drei, *nicht durch einen Punkt gehende*, Stäbe durchschneidet (die Zackenlinie in Fig. 9/2), so müssen die beiden Restfachwerke unter der Wirkung der äußeren Kräfte und der drei Stabkräfte im Gleichgewicht sein. Indem man dreimal den Momentensatz für geschickt gewählte Punkte formuliert, erhält man in einfacher Weise die drei Stabkräfte.

Zu den äußeren Kräften gehören die Lagerkräfte, die ja auch im Kräfteplan Fig. 9/2 benutzt worden sind:

$$A_x = 2 \text{ Mp}, \quad A_y = 6 \text{ Mp}, \quad B = 4 \text{ Mp}.$$

Zur Bestimmung von S_6 dient nun der Momentensatz um den Schnittpunkt der Wirkungslinien der beiden anderen Stäbe, 7 und 8, d. h. den Knoten IV: Das Momentengleichgewicht für das rechte Teilfachwerk fordert:

$$\widehat{IV}: \quad 3S_6 - 4 \cdot 4 + 2 \cdot 3 + 2 \cdot 1 = 0, \quad \text{d. h.,} \quad S_6 = \tfrac{8}{3} \text{Mp}. \qquad (9.2)$$

Das Momentengleichgewicht für das linke Teilfachwerk muß dasselbe ergeben:

$$\widehat{IV}: \quad 3S_6 - 4 \cdot (6-2) + 2 \cdot 4 = 0, \quad \text{d. h.,} \quad S_6 = \tfrac{8}{3} \text{Mp}.$$

---

* AUGUST RITTER, 1847—1900, Prof. a. d. TH Aachen.

§ 9. Stabkräfte im ebenen Fachwerk 51

Das Vorzeichen von S_6 sagt: S_6 hat die Richtung des in Fig. 9/4 angenommenen Pfeiles, ist in diesem Fall also eine Zugkraft.

Bestimmen wir in derselben Weise S_8, das wir als Zugkraft positiv eintragen, so ergibt sich (*ein* Teilfachwerk genügt; wir wählen das rechte):

$\overset{\frown}{V}$: $-\sqrt{2}S_8 - 3 \cdot 4 + 1 \cdot (3-1) = 0$, d. h., $S_8 \approx -7$ Mp. (9.2')

Für die Bestimmung von S_7 dient als Momentenpunkt der Schnittpunkt der Wirkungslinien von S_6 und S_8 (der kein Fachwerkknoten ist). Aus

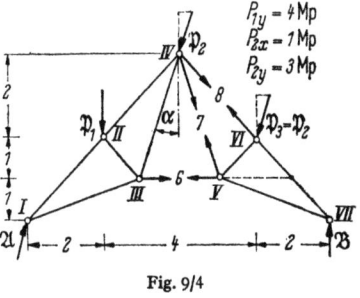

$\overset{\frown}{\cdot}$: $2\cos\alpha\, S_7 - 4 \cdot 1 -$
$- 1 \cdot (3 + 1) = 0$

ergibt sich mit $\tan\alpha = \frac{1}{3}$, $\cos\alpha = 0{,}95$:

$S_7 = 4{,}2$ Mp.   (9.2'')

Fig. 9/4

Man kontrolliert: Die X-Komponente der auf die rechte Hälfte wirkenden äußeren Lasten ist nach links gerichtet und hat den Betrag 1,0 Mp; also muß sein:

$\leftarrow$: $S_6 + S_7 \sin\alpha + S_8 \sin 45° + 1{,}0 = 0$.   (9.2''')

Unser Beispiel macht Vor- und Nachteile der beiden Berechnungsverfahren deutlich: Der CREMONA-Plan bestimmt (mit einer sehr scharfen Kontrolle) *alle* Stabkräfte; wenn man — für einen Entwurf z. B. — nur einige wenige zu bestimmen wünscht, rechnet man viel zu viel: Da ist das RITTERsche Verfahren vorzuziehen. Umgekehrt ist das RITTERsche Verfahren nicht zu empfehlen, wenn man sehr viele Stabkräfte braucht.

c) Aufbau eines Fachwerks. 1. Fig. 9/5 zeigt ein Fachwerk, das so aufgebaut ist, daß je ein neuer Knoten III, IV, V durch zwei neue Stäbe angeschlossen wird. Das Fachwerk besteht nicht notwendig aus lauter Dreiecken; aber es ist seinem Aufbau nach kinematisch bestimmt (jeder Knoten liegt fest — wenn die zwei neuen Stäbe nicht in eine Richtung fallen, was wir ausschließen), und die Stabkräfte können mit Hilfe des CREMONA-Plans bestimmt werden, weil irgendwo immer ein „Anfangs"-Knoten ist, an dem nur zwei Stäbe zusammenkommen. Die Zahl der Stäbe beträgt $2k-3$, so daß bei statisch bestimmter Lagerung ($a=3$) die Gl. (9.1) erfüllt ist.

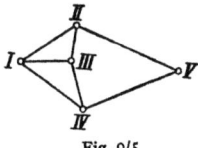

Fig. 9/5

4*

2. Man kann zwei Fachwerke vom Typ 9/5 durch drei, nicht durch einen Punkt gehende, Stäbe aneinanderschließen, wobei ein gemeinsamer Knoten zwei Stäben gleichwertig ist. Fig. 9/6 zeigt ein solches „Doppelfachwerk", an dem der CREMONA-Plan nicht anpacken kann. Man muß dann, wie der Schnitt andeutet, mindestens einen Stab nach RITTER vorab bestimmen — dann kann CREMONA in Aktion treten. Dasselbe gilt von Fig. 9/7.

3. Aus Fachwerken vom Typ 1 oder 2 kann man durch Austausch neue Fachwerke bilden, deren Berechnung nach HENNEBERG* durch

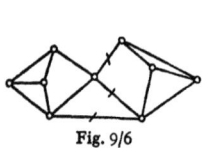

Fig. 9/6

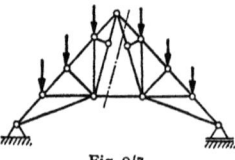

Fig. 9/7

Stabvertauschung auf die vorhergehenden Typen zurückgeführt wird. Wir zeigen den Gedanken nur an einem *Beispiel*.

d) Das Verfahren der Stabvertauschung. (Ein Beispiel für das Superpositionsprinzip.) Der Träger Fig. 9/8 ist ein Drei-Gelenk-Träger.

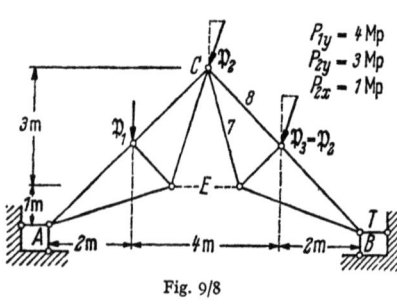

Fig. 9/8

Er ist statisch bestimmbar, denn die Gl. (9.1) ist mit $s = 10$, $a = 4$ erfüllt. CREMONA oder RITTER funktionieren nicht, weil vorab vier Auflagerkräfte zu bestimmen sind. Anstatt aber vorzugehen wie in § 8, wollen wir hier die „Stabvertauschung" benutzen, um den Gedanken der Superposition zweier Lastfälle (der in der Elastostatik eine so bedeutende Rolle spielt) an einem Beispiel zu demonstrieren. Nehmen wir den Stab T heraus und fügen dafür einen Stab E ein, so haben wir unser früheres Beispiel. CREMONA oder RITTER liefern

$$S_E^{(P)} = \tfrac{8}{3} \text{Mp} \tag{9.3}$$

für die Kraft im Stab E infolge der Lasten P_i. Nun bringen wir an dem *lastfreien* Fachwerk Fig. 9/2 die unbekannte Kraft T als (hier drückende) äußere Last an. Das Gleichgewicht des Fachwerks Fig. 9/2 fordert $A_x^{(T)} = T$, $A_y^{(T)} = B_y^{(T)} = 0$. Da weitere Lasten nicht wirken, liefern CREMONA oder RITTER für die Kraft im Stab E:

$$S_E^{(T)} = -\tfrac{4}{3} T. \tag{9.3'}$$

---

* LEBRECHT HENNEBERG, 1850—1933, Prof. d. Mechanik a. d. TH Darmstadt.

Fügen wir nun die Stabkräfte (9.3) und (9.3') so zusammen, daß das resultierende $S_E = 0$ ist, so erhalten wir ein Fachwerk ohne E, aber mit einem Stab T, der die Stützung des in sich beweglichen Drei-Gelenk-Trägers übernimmt. Aus

$$S_E = S_E^{(P)} + S_E^{(T)} = 0 \quad (\text{„Superposition"})$$

folgt

$$T = \tfrac{3}{4} \cdot \tfrac{8}{3} \,\text{Mp} = 2\,\text{Mp (Druck)}.$$

Nun können die restlichen Lagerkräfte, und anschließend die Stabkräfte, wie vorher bestimmt werden. Dabei zeigt sich, daß im Beispiel 9/8 die übrigen Stabkräfte, vor allem des Untergurts, durch den Tausch, d. h. durch das Hinzutreten der Druckkraft T, vermindert werden (Vorteil des Drei-Gelenk-Trägers).

e) Die Materialbeanspruchung in den Stäben. Die *Spannung* σ ist definiert als der Quotient S/F, Stabkraft/Stabquerschnitt. Die *zulässige* Spannung σ_{zul} ist eine Größe, die wir als gegeben in die Rechnung einführen. σ_{zul} ist ein aus der Erfahrung stammender, meist durch Vorschriften festgelegter Bruchteil der Proportionalitätsspannung (der Spannung, bis zu der Dehnung und Spannung einander proportional sind) und kann für St 37 z. B. 1400 kp/cm² betragen (bei ruhender Belastung; bei Wechselbelastung liegt σ_{zul} wesentlich tiefer)*.

Aus

$$\sigma_{zul} = \frac{S_i}{F_i} \tag{9.4}$$

folgt *entweder*

$$F_i = \frac{S_i}{\sigma_{zul}}, \tag{9.4'}$$

wenn die Lasten, d. h. die S_i, gegeben, und die Abmessungen der Stäbe (hier ihre Querschnitte) gesucht sind; *oder*

$$S_i = \sigma_{zul} F_i, \tag{9.4''}$$

wenn das Tragwerk schon existiert und über die nach (9.4'') zulässigen S_i die zulässigen Lasten P_k bestimmt werden sollen. Die Gln. (9.4') und (9.4'') zeigen, daß man die Beanspruchung praktisch kennt, wenn man die Stabkräfte aus den Lasten bestimmt hat — der letzte Schritt erfordert nur eine Rechenschieberablesung.

§ 10. Vertikal belastete Träger, insbesondere Parallelträger

a) Das Seileck als Momentenlinie. Bei der Bestimmung der Stabkräfte nach RITTER braucht man die Summe der Momente aller Kräfte

---

* Zur Proportionalitätsgrenze, Elastizitätsgrenze, Bruchspannung usw. s. TM II im § 2 (HOOKEsches Gesetz).

links (oder rechts) vom Schnitt, d. h. *das resultierende Moment* in bezug auf den Schnittpunkt zweier Stäbe. Diese Größe läßt sich graphisch bestimmen, und besonders einfach, wenn die Lasten alle parallel wirken.

Für den Dachträger mit vier Lasten ist in Fig. 10/1 das Seileck mit der Schlußlinie z gezeichnet. Die Lage einer jeden Teilresultierenden, z. B. der Lasten „*1*" und „*2*", ist gegeben als der Schnittpunkt derjenigen Seilstrahlen, deren Polstrahlen mit der Resultierenden, hier

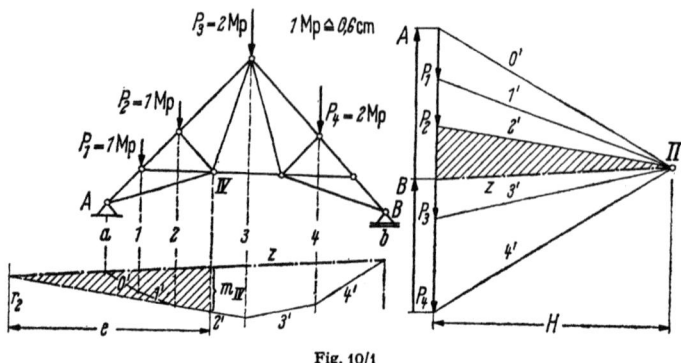

Fig. 10/1

mit $P_1 + P_2 = \bar{R}_2$, ein Dreieck bilden (*0'* und *2'*). Nun gehören die Auflagerkräfte auch zu den „Lasten", und gesucht ist daher — für die Bestimmung des Moments in einem Punkt im Feld *23* (z. B.) — die Lage der Resultierenden $R_2 = A - (P_1 + P_2)$. Sie ergibt sich aus dem Schnittpunkt des für diese Kraftgruppe „ersten" und „letzten" Seilstrahls, d. h. aus dem Schnitt von z und $2'$. Ihre Wirkungslinie ist daher r_2 *. Will man also M_{R_2}, die Summe der Momente der äußeren Kräfte links vom Knoten IV, in bezug auf IV wissen (z. B.), so hat man R_2 aus dem Kräfteplan, e aus dem Lageplan abzugreifen und erhält

$$M_{R_2} = e R_2 \qquad (10.1)$$

(rechtsdrehend, da R_2 nach oben weist). Mit der Formel (10.1) wäre nicht viel gewonnen, da man zum Abgreifen von e immer erst den zugehörigen Seilstrahl mit z schneiden müßte. Nun sind aber die beiden ////////-schraffierten Dreiecke in Fig. 10/1 einander ähnlich. Ihre Grundlinien verhalten sich daher wie ihre Höhen:

$$\frac{m_{IV}}{e} = \frac{R_2}{H},$$

---

* Wenn das Tragwerk überkragt (s. u. den Balken § 12b), so wirkt, wenn man vom freien Ende kommt, im Kragbereich keine Auflagerkraft — dort wäre also der Schnitt von *0'* und *2'* zu nehmen.

§ 10. Vertikal belastete Träger, insbesondere Parallelträger

d. h., anstelle von (10.1) kann man allgemein schreiben

$$M_R = m\,H. \tag{10.2}$$

Darin ist der eine Faktor, die Poldistanz H, eine feste Größe (parallele Lasten, im Kräfteplan auf einer Geraden!), so daß m, die Ordinate der „Momentenfläche" z, $0'$, $1'\ldots n'$, z (z. B. m_{IV}), unmittelbar proportional ist dem Moment der links (oder rechts) vom gerade gebrauchten Momentenpunkt (z. B. IV) wirkenden äußeren Kräfte. Mißt man H im Kräftemaßstab (des Kräfteplans), m im Längenmaßstab (des Lageplans), so gibt (10.2) das resultierende Moment M_R zahlenmäßig an (z. B. in mkp).

b) Der Parallelträger. Um in dem Parallelfachwerk Fig. 10/2 die Gurtstabkraft 7 (z. B.) zu bestimmen, muß man das Moment der links

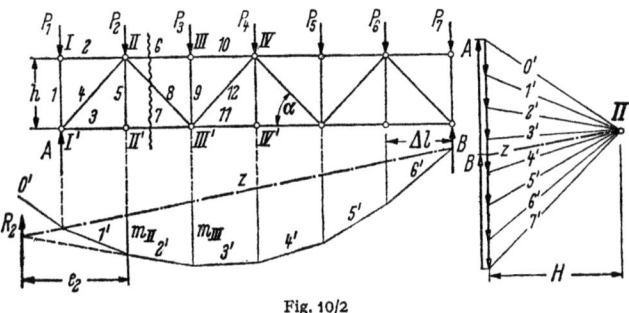

Fig. 10/2

von der Schnittstelle $\}$ wirkenden Kräfte um den Knoten II bilden und erhält nach RITTER

$$h\,S_7 = M_{R_2} \equiv H\,m_{II},$$

wobei, wie die Anschauung zeigt, S_7 positiv ist, wenn das resultierende Moment der äußeren Kräfte rechtsherum dreht. Hier ist nun auch h, die Feldhöhe, eine Konstante, d. h.,

$$S_7 = \left(\frac{H}{h}\right) m_{II} \tag{10.3}$$

kann unmittelbar aus der Momentenfläche (dem Seileck) abgelesen werden. Dasselbe Seileck gibt S_6 an; es ist

$$-S_6 = \left(\frac{H}{h}\right) m_{III}, \tag{10.3'}$$

d. h., die Ordinaten m_{II}, m_{III} usw. zwischen z und den Seilstrahlschnittpunkten sind ein Maß für die Beanspruchung der Gurtstäbe (Obergurt Druck, Untergurt Zug). Man sagt geradezu: Die Gurtkräfte übertragen „das Moment" (das Moment der Resultierenden der links vom Schnitt angreifenden äußeren Kräfte).

Zur Bestimmung einer *Diagonal*-Stabkraft (z. B. S_8) dient, da die Gurtstäbe parallel verlaufen, der Kräftesatz für die zu den Gurten senkrechte Richtung, $\sum Y = 0$:

$$S_8 \sin \alpha = A - (P_1 + P_2),$$

oder allgemein

$$S_D = \frac{R_i}{\sin \alpha} \quad \text{mit} \quad R_i = A - \sum_1^i P_k. \tag{10.4}$$

Die Kombination R_i, die Resultierende aller links vom Schnitt wirkenden äußeren Kräfte, heißt die Querkraft, weil sie „quer" zur Trägererstreckung gerichtet ist, und aufgenommen wird von dem „quer" angeordneten Diagonalstab.

Auch R_i kann man aus dem Seileck ablesen: Bestimmt man M_{R_i} (z. B. $M_{R_{II}}$) aus R_i und dem aus dem Schnittpunkt von i' und z sich ergebenden Hebelarm:

$$M_{R_i} = e_i R_i,$$

$M_{R_{i+1}}$ (z. B. $M_{R_{III}}$) aus *demselben* R_i mit dem Hebelarm $e_i + \Delta l$:

$$M_{R_{i+1}} = (e_i + \Delta l) R_i,$$

so folgt

$$M_{R_{i+1}} - M_{R_i} = \Delta l\, R_i:$$

oder allgemein

$$R_i = \frac{\Delta M_{R_i}}{\Delta l_i} \equiv \frac{H}{\Delta l_i} \Delta m_i, \tag{10.5}$$

wenn wir das Feld zwischen den Laststellen i und $i + 1$ durch i kennzeichnen. R_i ergibt sich also aus der Differenz zweier benachbarter Seileckordinaten. (Wenn die Schlußlinie zufällig waagerecht verläuft, ist $\Delta m_i / \Delta l_i$ der Tangens des Seilstrahlwinkels.)

Außer Gurten und Diagonalstäben weist das Fachwerk noch einen dritten Typ von Stäben auf: die Pfosten $S_1, S_5,$ usw. Man erkennt, daß die Pfosten nur lokale Funktion haben; sie übertragen die Lasten in die darunter- (oder darüber-) liegenden Knoten. In Fig. 10/2 ist

$$S_1 = -P_1, \quad S_5 = 0, \quad S_9 = -P_3 \text{ usw.}$$

c) Der Parallelträger mit Schubblechen anstelle der Diagonalen.
Anstatt durch eine Diagonale kann man das Verschieben der Gurte gegeneinander auch durch ein anderes Konstruktionselement verhindern: durch ein dünnes, zwischen Pfosten und Gurte eingefügtes Blech. Hat dieses Blech einen kleinen Querschnitt, verglichen mit dem der Gurte, so kann man mit guter Näherung annehmen, daß es die Längskräfte ganz den Gurten (und Pfosten) überläßt und nur die Haupt-

§ 10. Vertikal belastete Träger, insbesondere Parallelträger 57

funktion der Diagonalen übernimmt: die Übertragung der Querkraft. In Fig. 10/3 ist das Blech mit den angrenzenden Stäben herausgezeichnet und die abgeschnittene (rechte) Trägerhälfte angedeutet. Längs des strichpunktierten Schnittes muß R_i, die Summe der äußeren Lasten, aufgenommen werden, und es liegt nahe, anzusetzen, daß das Blech die Gegenkraft *gleichmäßig* aufbringt, so daß die Vertikalkraft/Längeneinheit, T_r, am rechten Blechrand konstant ist:

$$T_r \, h = R_i. \qquad (10.6)$$

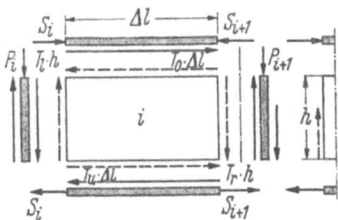

Fig. 10/3

Wie antwortet das Blech auf diese Belastung? Die Gleichgewichtsbedingung $\sum Y = 0$ fordert, daß der nach unten gehenden Kraft $T_r h$ eine gleich große auf der linken Vertikalseite entgegenwirkt (Fig. 10/3'):

$$(T_l \, h) = (T_r \, h).$$

Da nun aber die beiden Kräfte T (anders als die beiden Kräfte S im Zugstab, $S \longleftarrow\!\longrightarrow S$) nicht in dieselbe Wirkungslinie fallen, muß

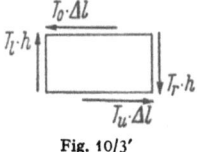

Fig. 10/3'

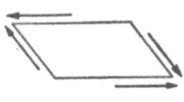

Fig. 10/3''

auch noch die resultierende Drehkraft aufgenommen werden: Das geschieht durch die Kräfte auf Ober- und Unterseite, die wegen $\sum X = 0$ ihrerseits gleich sein müssen:

$$T_o \, \Delta l = T_u \, \Delta l;$$

die Forderung $\sum M = 0$, bezogen auf irgendeinen Punkt, z. B. die linke untere Ecke, ergibt

$$\Delta l (T_r \, h) = h (T_o \, \Delta l),$$

und aus den drei Gleichgewichtsbedingungen zusammen folgt daher

$$T_r = T_l = T_o = T_u \equiv T. \qquad (10.6')$$

Die vier an dem Blech Fig. 10/3' tangential wirkenden Kräfte heißen *Schub*-Kräfte, weil sie die Tendenz haben, die Blechkanten gegeneinander (parallel) zu ver*schieben*, wie Fig. 10/3'' andeutet. Die für das Blech charakteristische Kraftgröße ist die nach Gl. (10.6′) im ganzen Blech konstante Kraft/Längeneinheit T, die man den Schub- „Fluß" nennt, weil T, wie Flüssigkeit aus einer porösen Röhre, kontinuierlich von den Randstäben in das Blech — oder umgekehrt — übergeht (sozusagen versickert).

Während der (eine Kraft S übertragende) Stab an seinen beiden Enden das *eine* Paar Kraft + Gegenkraft erfährt, wirken auf das rechteckige Blech zwei Paare: Der „Zustand T" ist nur möglich, wenn das Blech auf allen vier Seiten kraftschlüssig mit anderen Konstruktionselementen verbunden ist.

Nach (10.6) und (10.6′) wird T berechnet aus der einfachen Gleichung

$$T_i = R_i/h. \qquad (10.6'')$$

Die *Gurtkräfte* ergeben sich nach wie vor aus dem an der Schnittstelle i zu übertragenden Moment:

$$S_i = \left(\frac{H}{h}\right) m_i. \qquad (10.7)$$

Die beiden Gurte des durch Schubbleche ausgesteiften Trägers werden (im Gegensatz zu dem durch Diagonalen ausgesteiften) *gleich* beansprucht: An einer Schnittstelle x hat $S = S_i$ in Ober- und Untergurt denselben Betrag. Dafür sind die Gurtkräfte von Knoten zu Knoten veränderlich: das Gleichgewicht eines Gurtstückes (z. B. des Untergurtes) fordert

$$(S_{i+1} - S_i) = T_u \Delta l, \qquad (10.7')$$

und da der „Zufluß" T konstant ist, ändert sich S zwischen den Knoten linear ($\sim x$).

Genau wie an den Gurten verhält sich das Blech an den Pfosten: Es baut die Längskraft vom belasteten zum freien Ende linear ab:

$$\begin{aligned}(T_i - T_{i+1}) h &= P_{i+1}, \\ (T_{i-1} - T_i) h &= P_i, \quad \text{usw.}\end{aligned} \qquad (10.8)$$

Der Schubblechträger berechnet sich also ebenso einfach wie der Träger Fig. 10/2. Ja, die Gurtkräfte folgen dem Momentenverlauf sogar an jeder Stelle x: Die Steigungen der Geraden im Seileck sind ein Maß für den Anstieg von S_i nach S_{i+1}.

d) **Last, Querkraft, Moment.** Die Schnittkräftebestimmung in den beiden Parallelträgern b) und c) fordert die Kenntnis gewisser Lastkombinationen:

1. Für die Pfosten ist wesentlich die lokale *Last*:

$$S_{Pf} \sim P_i.$$

2. Für die Diagonale und für das Schubblech ist wesentlich die Resultierende der Vertikalkräfte links von der Stelle i, d. h. die Kombination

$$R_i = A - \sum_1^i P_k,$$

für die wir die Bezeichnung schon eingeführt haben; sie heißt die *Querkraft*.

3. Für die Gurte schließlich kommt es an auf die Momentensumme M_{R_i} der äußeren Kräfte bezüglich i oder wie wir abkürzend sagen: auf „*das Moment*".

Zwischen den drei Lastkombinationen bestehen Beziehungen, denen wir beim Balken wieder begegnen werden, die wir aber ihrer Wichtigkeit wegen hier schon anschreiben wollen. Aus Gl. (10.4) folgt, wenn man sie für die Stellen i und $i-1$ ansetzt und subtrahiert,

$$\varDelta R_i = R_i - R_{i-1} = -P_i. \tag{10.9}$$

Den Zusammenhang zwischen R und M_R haben wir unter (10.5) schon hergestellt:

$$\varDelta M_{R_i} = M_{R_{i+1}} - M_{R_i} = \varDelta l_i R_i, \tag{10.9'}$$

eine Beziehung, die unmittelbar plausibel ist; denn M_R ändert sich zwischen zwei Lastangriffsstellen proportional zum Hebelarm.

Mit den Gln. (10.9), (10.9') müssen die Gleichungen zur Bestimmung von Stab- und Blechkräften verträglich sein: Man kontrolliert (wir empfehlen dem Leser das wirklich auszuführen!), daß (10.9) aus (10.4) und aus (10.6'') + (10.8) folgt; ebenso ergibt sich (10.9') aus $\sum X = 0$ für die drei Stäbe S_6, S_7, S_8 [s. (10.3), (10.3'), (10.4)], und aus (10.7'), wenn man darin (10.7) und (10.6'') einsetzt.

Aufgaben zu C

1. Mit Hilfe eines CREMONA-Planes sind die Stabkräfte des Fachwerks zu bestimmen. Die Ergebnisse sollen in einer Liste mit Angabe des Vorzeichens zusammengestellt werden.

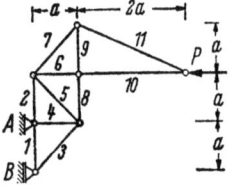

Lösung:

z. B.: $S_1 = -P, \quad S_2 = -P, \quad S_3 = +\sqrt{2}P,$
$S_4 = -2P, \quad S_7 = S_8 = 0.$

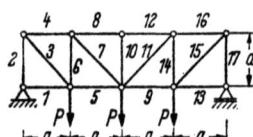

2. Ein Parallelfachwerk werde durch die Kräfte P belastet. Man bestimme sämtliche Stabkräfte mit Hilfe eines CREMONA-Planes.
Lösung:

z. B.: $S_1 = S_{13} = 0$, $S_2 = S_{17} = -\dfrac{3}{2}P$,

$S_3 = S_{15} = +\dfrac{3}{\sqrt{2}}P$,

$S_4 = S_{16} = -\dfrac{3}{2}P$.

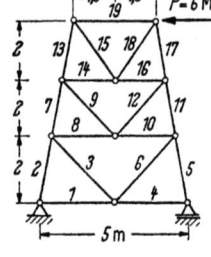

3. Man ermittle die Lagerreaktionen und sämtliche Stabkräfte für das skizzierte Fachwerk.
Lösung:

z. B.: $S_1 = -4{,}7$ Mp, $S_2 = -7{,}3$ Mp,

$S_3 = +2{,}4$ Mp, $S_4 = -1{,}2$ Mp,

$S_5 = +7{,}3$ Mp, $S_6 = +2{,}4$ Mp.

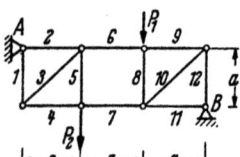

4. Das durch die beiden unverschieblichen Lager A und B gestützte Fachwerk ist durch zwei Kräfte $P_1 = P_2 = P$ belastet.
Man bestimme die Reaktionskräfte in den Lagern A und B sowie alle Stabkräfte.
Lösung:

$\uparrow A_y = P$, $\vec{A_x} = 0$, $\uparrow B_y = P$, $\vec{B_x} = 0$;

z. B.: $S_1 = P$, $S_2 = 0$, $S_3 = -\sqrt{2}P$,

$S_6 = -P$, $S_8 = -P$, $S_{10} = +\sqrt{2}P$.

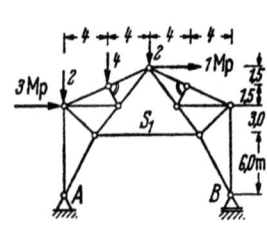

5. a) Man bestimme die Stabkraft S_1 mit Hilfe des RITTERschen Schnittes.
b) Welcher Querschnitt F_1 ist erforderlich, wenn $\sigma_{zul} = 1400$ kp/cm² ist?
c) Man bestimme anschließend alle übrigen Stabkräfte mit Hilfe eines CREMONA-Planes.
Lösung:

a) $S_1 = \dfrac{71}{12}$ Mp, b) $F_1 = 4{,}22$ cm².

6. Man bestimme mit Hilfe des RITTERschen Schnittes die Stabkräfte S_9, S_{11} und S_{12} des Parallelfachwerks in Aufgabe 2.
Lösung:

$S_9 = \dfrac{3}{2}P$, $S_{11} = \dfrac{\sqrt{2}}{2}P$, $S_{12} = -2P$.

7. Man tausche t gegen e aus und berechne S_1 nach dem HENNEBERGschen Stabtauschverfahren. Kontrolle mit Hilfe eines CREMONA-Planes.

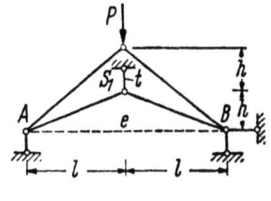

Lösung:
$$S_1 = \frac{P}{2}.$$

8. Man ermittle die Lagerreaktionen und die Stabkräfte nach dem Stabtauschverfahren.

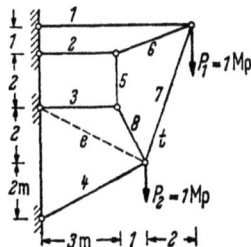

Lösung:

z. B.: $S_1 = -9{,}6$ Mp, $\quad S_2 = +11{,}6$ Mp,

$S_3 = +1{,}95$ Mp, $\quad S_4 = -4{,}45$ Mp.

9. Für die Anordnung von Stäben und Schubblechen bestimme man die Schubflüsse T_1, T_2, T_3.
Man schneide Stäbe und Bleche heraus und trage die Kräfte so an, wie sie auf die Teile wirken.

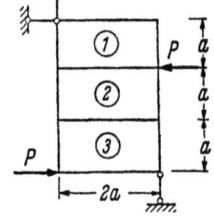

Lösung:
$$T_1 = 0, \quad T_2 = T_3 = \frac{P}{2a}.$$

10. Man bestimme für den Parallelträger:

a) Auflagerkräfte, Querkraft- und Momentenverlauf mit Hilfe des Kraft- und Seilecks,

b) hieraus alle Stabkräfte,

c) die Schubflüsse, wenn die Diagonalstäbe durch Schubbleche ersetzt sind.

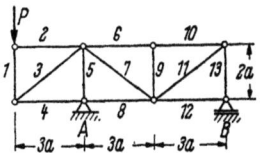

Lösung:

a) $\quad A_x = 0, \quad \uparrow A_y = \frac{3}{2} P, \quad \uparrow B_y = -\frac{1}{2} P;$

b) z. B.: $S_1 = -P, \quad S_2 = 0, \quad S_3 = 1{,}8 P,$

$\quad S_4 = -\frac{3}{2} P, \quad S_5 = -\frac{3}{2} P,$

$\quad S_6 = \frac{3}{4} P;$

c) $T_1 = \frac{P}{2a}, \quad T_2 = T_3 = \frac{P}{4a}.$

D. Der Balken

§ 11. Der Mechanismus der Kraftübertragung

Die Gleichgewichtsbedingungen für den ebenen Träger haben wir bisher in der Form $\sum X$, $\sum Y$, $\sum M = 0$ geschrieben. Beim horizontalen *Balken* ist es üblich, die Lastrichtung (vertikal nach unten) mit z zu bezeichnen; sinnvollerweise tritt daher $\sum Z = 0$ an die Stelle $\sum Y = 0$. Da $\sum X = 0$ beim vertikal belasteten und gestützten Balken von selbst erfüllt ist, bestimmen sich die beiden Resultierenden der äußeren Kräfte am Balkenstück, R und M_R aus den zwei anderen Gleichgewichtsbedingungen, die wir fortan $\sum Z = 0$, $\sum M = 0$ schreiben wollen.

Wird der Balken Fig. 11/1a an der Stelle x auseinandergeschnitten, so sind, wie man unmittelbar erkennt, die Teile nur dann im Gleichgewicht, wenn an der Schnittstelle zwei „innere Kräfte" angreifen: eine Kraft Q, die Querkraft, und eine Drehkraft M, das Biegemoment. Q hebt die Resultierende R der äußeren Kräfte auf, M kompensiert das Kräftepaar (R, Q). Der Balken muß diese beiden Kräfte „aufbringen", er „überträgt" sie von einem Teil auf den anderen. (Ein Seil, das der Biegung keinen Widerstand entgegensetzt, überträgt Querlasten z. B. nicht in dieser Weise.)

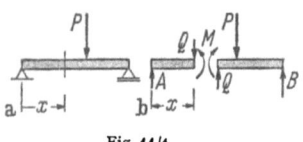

Fig. 11/1

Wie ein gegliederter Balken — der aus Gurten, Pfosten und Diagonalen (oder Stegblechen) bestehende Parallelträger — M und Q aufbringt, haben wir in § 10 gesehen. Wir stellen nun die Frage, welches der Mechanismus der Kräfteübertragung ist, wenn der Balken eine beliebige Querschnittsform hat: Wie groß sind dann insbesondere die *Spannungen*, die die Materialbeanspruchung kennzeichnen?

a) **Das I-Profil.** Zu den technisch wichtigsten Balkenquerschnittsformen gehört das I-Profil (gewöhnlich Doppel-T-Profil genannt). Der I-Balken überträgt die Kräfte in wesentlich derselben Weise wie der Parallelträger, dessen Diagonalen durch Schubbleche ersetzt sind; denn die beiden Träger unterscheiden sich voneinander nur durch die Pfosten — beim Balken bedarf man ihrer nicht, weil die Flansche (wie die Gurte hier heißen) dick genug sind, um mit örtlich angreifenden Lasten fertig zu werden (wie das im einzelnen geschieht, ist Gegenstand spezieller Theorien, die über den Rahmen der elementaren Statik hinausgehen). Es wird also die Kraft Q vom Steg (Wandstärke t) aufgenommen, der dabei durch die *in* der Schnittfläche wirkenden

§ 11. Der Mechanismus der Kraftübertragung

Schubspannungen beansprucht wird, die sich mit guter Näherung aus der einfachen Formel

$$\tau = \frac{Q}{F_s} \tag{11.1}$$

berechnen, mit $F_s = t\,h$ (Q/h war der Schubfluß gewesen; d. h., es ist $\tau = T/t$). Und die Drehkraft M wird von den Flanschen übernommen, für deren Beanspruchung aus

$$S = M/h' \quad \text{und} \quad \sigma = S/F_\text{Fl}$$

die wichtige Formel

$$\sigma = \frac{M}{W} \tag{11.2}$$

folgt, mit

$$W = h'\,F_\text{Fl} \quad (F_\text{Fl} = \text{Fläche } \textit{eines} \text{ Flansches}). \tag{11.2'}$$

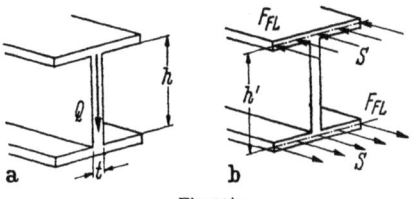

Fig. 11/2

Die Größe W ($= M/\sigma$) heißt das *Widerstandsmoment* des Balkenprofils; denn sie kennzeichnet die Widerstandsfähigkeit des Balkens gegen Querbeanspruchung (so wie die Fläche die Widerstandsfähigkeit eines Stabes gegen Zug kennzeichnet: $F = S/\sigma$ ist das Verhältnis zwischen der zu übertragenden Kraftgröße und der dem Material zugemuteten Spannung). Da W den Querschnittshebelarm h' enthält, heißt es Widerstands-„Moment" (Dimension [cm³]).

b) Das Rechteckprofil. Sehr viel weniger einfach liegen die Verhältnisse beim sog. Vollprofil, als dessen Prototyp wir das Rechteckprofil betrachten wollen.

Was die Querkraftübertragung angeht und die mit ihr verbundene Schubspannungsbeanspruchung, so müssen wir diese Frage sogar auf später verschieben (TM II § 13). Glücklicherweise sind die Vollprofil-Schubspannungen i. allg. klein gegen die Normalspannungen, weshalb man oft darauf verzichten kann, sie überhaupt auszurechnen.

Den Mechanismus der Momentenübertragung dagegen erfassen wir mit sehr guter Näherung, wenn wir über die Verteilung der Normalspannungen eine plausible Annahme machen. Zunächst: Da es beim Vollprofil keine „konzentrierten" Flanschflächen gibt, muß jedes Flächenelement seinen Beitrag $z \cdot dS$ zum Moment leisten (Fig. 11/3); M ist nicht mehr die Resultierende aus zwei Einzelkräften, sondern ein

Integral:

$$M = \int z \, dS, \qquad (11.3)$$

erstreckt über die ganze Querschnittsfläche. Für jedes Flächen-*Element* läßt sich „Spannung" definieren:

$$\sigma = \frac{dS}{dF}, \qquad (11.4)$$

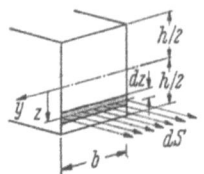

Fig. 11/3

und aus (11.3) wird daher

$$M = \int z \, \sigma \, dF. \qquad (11.3')$$

Nun unsere Annahme: Für σ soll gelten

$$\sigma(y) = \text{const}, \qquad (11.5\text{a})$$

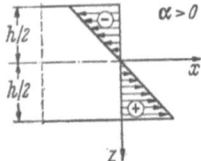

Fig. 11/3′

d. h., über die Breite soll σ sich nicht ändern; bezüglich der Höhe setzen wir an (Fig. 11/3′):

$$\sigma(z) = \alpha \, z, \qquad (11.5\text{b})$$

d. h. einen linearen Verlauf [die „nächsteinfache" Annahme nach der Annahme $\sigma = \text{const}$ — (11.5) folgt, wie man in der Elastostatik zeigt (TM II, § 8), für homogene Materialien aus der BERNOULLIschen Hypothese*, daß der ebene Querschnitt bei der Verformung eben bleibt]. Nach (11.5b) verschwindet σ in der Mitte des Querschnitts und wächst mit dem Abstand z von der Mitte (der „neutralen Faser") an, positiv nach unten, negativ nach oben, wenn α positiv ist.

Der Proportionalitätsfaktor α bestimmt sich nun aus (11.3′). Mit (11.5) folgt daraus

$$M = \alpha \int z^2 \, dF.$$

Das Integral auf der rechten Seite ist eine *Querschnittsgröße*, die wegen ihrer formalen Analogie zu einer in der Kinetik auftretenden Rechengröße das *Trägheitsmoment* (genauer das Flächenträgheitsmoment) I des Querschnitts heißt**. Es ist also $\alpha = M/I$ und daher

$$\sigma = \frac{M}{I} z \quad \text{mit} \quad I = \int z^2 \, dF. \qquad (11.6)$$

Die Größtwerte erreicht σ für $z = \pm h/2$:

$$|\sigma_{\max}| = \frac{M}{I} \frac{h}{2} = \frac{M}{W} \quad \text{mit} \quad W = \frac{I}{h/2}. \qquad (11.6')$$

---

* JACOB BERNOULLI, 1654—1705, Mathematiker.
** Der Buchstabe I kommt vom lateinischen Inertia = Trägheit. Trotzdem wäre die Bezeichnung Drehfläche erwägenswert.

Die Definition (11.6') des Widerstandsmoments gilt für alle Querschnittsformen, denn bei der Herleitung sind nur die Hypothesen (11.5) benutzt worden: Es ist das I in (11.6) von Fall zu Fall zu bestimmen. Das ist eine Aufgabe der Integralrechnung, mit deren Hilfe man findet:

a) Rechteck,
$$I = \frac{b h^3}{12}, \quad W = \frac{b h^2}{6}, \tag{11.7a}$$

b) Kreis,
$$I = \frac{\pi}{4} r^4, \quad W = \frac{\pi}{4} r^3, \tag{11.7b}$$

c) I-Profil (näherungsweise),
$$I = 2 F_{\text{Fl}} \left(\frac{h'}{2}\right)^2 = \frac{h'^2}{2} F_{\text{Fl}}, \quad W = h' F_{\text{Fl}}, \tag{11.7c}$$

in Übereinstimmung mit (11.2').

Die drei Beispiele (11.7) betreffen doppeltsymmetrische Querschnitte. Wenn der Querschnitt nur *einfach symmetrisch* ist, d. h. für z keine „Mitte" hat, tritt an die Stelle des Mittelpunktes der Schwerpunkt S, von dem aus z in (11.5b) zu zählen ist. Denn der *quer*-belastete Balken überträgt keine Längskraft N,

$$N = \int \sigma\, dF = \alpha \int z\, dF \overset{!}{=} 0, \tag{11.8}$$

und diese Bedingung ist genau dann erfüllt, wenn z vom Schwerpunkt aus gezählt wird: „neutrale" (spannungslose) Faser ist die Schwerpunktsfaser*. (11.6) gilt daher allgemein, wenn nur I, das Trägheitsmoment, auf den Schwerpunkt bezogen wird, und W ist

$$W = \frac{I}{e}, \tag{11.9}$$

worin e der größere der beiden Außenfaserabstände ist (Fig. 11/4).

Fig. 11/4

Vorzeichen. Die in Fig. 11/1 eingeführten Vorzeichen für Q und M entsprechen folgender Konvention: Wenn x nach rechts, z nach unten positiv gezählt wird, so ist Q positiv, wenn es auf dem positiven Schnittufer (dort, wo $+x$ die äußere Normale ist) in die Richtung $+z$, also nach unten, weist. Von selbst weist es dann auf dem negativen Schnittufer in die negative z-Richtung (hier also nach oben). Für dieselbe x-z-Zählung sind die gezeichneten Drehkräfte positiv, weil sie erzeugt werden durch Spannungen, die unten ($+z$) Zug-, oben ($-z$) Druckspannungen sind; oder anders gesagt: die auf dem positiven (dem linken) Schnittufer für $+z$ in die Richtung $+x$, für $-z$ in die Richtung $-x$

---

* Das Wort „Schwerpunktsfaser" ist Sprachgebrauch: gemeint ist die waagerechte Schwerpunktsebene.

weisen. — Es ist bemerkenswert, daß das Q-Vorzeichen abhängt von der Wahl der x-Richtung, das M-Vorzeichen dagegen nicht; wenn x von rechts nach links läuft, so wird das rechte Schnittufer zum positiven, und eben dort weist σ unten in die jetzt positive x-Richtung. (Zug bleibt eben Zug, unabhängig von der Koordinatenwahl, während Schub physikalisch kein Vorzeichen hat.)

§ 12. Q- und M-Linien

Nachdem wir festgestellt haben, wie sich aus den Schnittkräften die Beanspruchung des Trägers ergibt, greifen wir nun wieder die in § 10 schon angeschnittene Frage auf, wie sich Q und M aus den äußeren Kräften (Lasten und Auflagerkräften) bestimmen. Zuvor aber eine Bemerkung zur Bezeichnung: Q und M sind „innere" Kräfte, die Kräfte an der Schnittstelle. Nun sind diese Kräfte dem Zahlenwert (nicht der Sache!) nach immer gleich den Resultanten R und M_R der äußeren Kräfte, denn sie setzen diese ins Gleichgewicht. Es ist daher üblich, für beide Größenarten denselben Buchstaben zu benutzen, und zwar nennt man die Resultierenden wie die Schnittkräfte: Q („Querkraft") und M („Biegemoment"). Man bestimmt also zwei Größen „Q" und „M" aus den Lasten, *deutet* sie als Schnittkräfte und erhält auf diese Weise die Beanspruchung [wesentlich Gl. (11.6)]. Die Vorzeichen werden durch die am Ende von § 11 geschilderte Konvention für die *Schnitt*-Kräfte Q und M festgelegt.

a) Die Grundformeln. Aus Fig. 12/1 liest man ab:

$$Q = A - [P_1 + P_2 + \cdots] = A - \sum_1^k P_i, \qquad (12.1)$$

$$M = \widehat{A} + x A - [(x - \xi_1) P_1 + \cdots] = \widehat{A} + x A - \sum_1^k (x - \xi_i) P_i. \quad (12.2)$$

Differenziert man (12.2) nach x, d. h., fragt man, wie M sich ändert, wenn man x ändert (die ξ_i aber festhält!), so folgt

$$\frac{dM}{dx} = A - \sum_1^k P_i, \quad \text{d. h.,}$$

$$\frac{dM}{dx} = Q. \qquad (12.3)$$

Fig. 12/1

Dieser wichtigen Formel [man erinnere sich an Gl. (10.5)!] stellen wir eine zweite an die Seite, die den Zusammenhang zwischen einer verteilten Last $q(x)$ und Q herstellt. Wenn die Lasten P jeweils über einem kleinen Bereich $\Delta \xi_i$ verteilt sind, so folgt aus

(12.1) mit $P_i = (q \, \Delta \, \xi)_i$

$$Q = A - \sum_{1}^{k} (q \, \Delta \, \xi)_i.$$

In der Grenze für die verteilte Streckenlast $q(\xi)$ wird daraus

$$Q = A - \int_0^x q(\xi) \, d\xi, \qquad (12.1')$$

und aus (12.1') folgt durch Differentiation nach x (der oberen Grenze des Integrals)

$$\frac{dQ}{dx} = -q. \qquad (12.4)$$

Auch die Formel (12.2) läßt sich für verteilte Last umschreiben; mit $\Delta \xi_i \to 0$ und $k \to \infty$ erhält man

$$M = \widehat{A} + x A - \int_0^x (x - \xi) q(\xi) \, d\xi. \qquad (12.2')$$

Differentiation liefert

$$\frac{dM}{dx} = A - (x - x) q(x) - \int_0^x q(\xi) \, d\xi \equiv Q,$$

Fig. 12/1'

wie es sein muß.

Übrigens kann man die wichtigen Formeln (12.3) und (12.4) auch deuten als die Gleichgewichtsaussagen am Element dx.

Aus Fig. 12/1' folgt für $dx \to 0$

$$\sum Z: \quad q \, dx = -dQ,$$
$$\sum M: \quad Q \, dx = dM.$$

b) Das Momentenseileck für Streckenlasten. In dem einfachen Beispiel Fig. 12/2 erhält man eine erste Näherung für die Momentenlinie, wenn man das Lastpaket durch zwei im Schwerpunkt der Teillasten angebrachte Einzellasten $P = q_0 \, \Delta x$ ersetzt.

Die „wirkliche" Momentenlinie zwischen C und E ist eine Parabel, die man ohne Rechnung einzeichnen kann (die gestrichelte Linie), denn da in C, D und E sowohl M wie Q der Ersatzlast mit der wirklichen übereinstimmen, hat man von

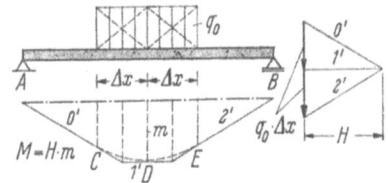

Fig. 12/2

der Parabel an 3 Stellen Ordinate und Tangente ($Q = dM/dx!$).

Hängt der Balken, wie in Fig. 12/3, über, so ändert sich an der Zeichnung nur die Schlußlinie. Momenten-„Fläche" ist zwischen den

Auflagern wie bisher der Bereich zwischen der Schlußlinie und dem jeweils gültigen Seilstrahl; außerhalb des rechten Auflagers (im Kragarm) gibt es keine „Schlußlinie" — dort tritt an ihre Stelle der letzte Seilstrahl (in einem Kragarm links von A wäre es der erste), so daß also die Momentenfläche zwischen B und F begrenzt ist vom letzten Seilstrahl und dem jeweils gültigen*. Wieder erhält man die „wirkliche" Momentenlinie durch Einzeichnen der diesmal an den 6 Punkten, A, B, C, D, E, F, nach Ordinate und Richtung gegebenen Parabeln. In Fig. 12/3d sind ihre (vertikalen) Ordinaten von den waagerecht gelegten beiden Bezugslinien AB und BF aus angetragen. Es entstehen zwei Parabelbögen mit einem Knick an der Stelle B; dieser Knick bringt zum Ausdruck,

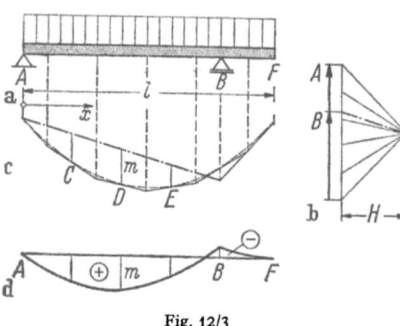

Fig. 12/3

daß an der Stütze die Querkraft springt. Das Moment wechselt, wie man sieht, zwischen A und B das Vorzeichen: Im Hauptbereich ist es positiv, nahe bei B und im Kragarm negativ. Mechanisch heißt das: Zug wirkt, wie man das erwartet, im Kragarm oben, im größten Teil des Bereichs zwischen den Stützen unten.

c) Bestimmung der Q- und M-Linien durch formale Integration. In Fig. 12/4 ist dreimal derselbe Balken unter der Last $q = $ const ge-

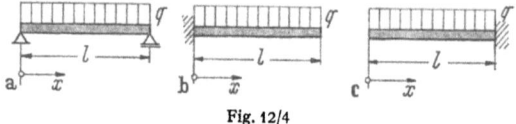

Fig. 12/4

zeichnet, a) beidseitig gelagert, b), c) auf der einen Seite eingespannt. Wir behandeln die Integrationsaufgabe für die drei Fälle gemeinsam.

Aus (12.4) und (12.3) folgt

$$Q = Q_0 - q x,$$
$$M = M_0 + x Q_0 - q x^2/2. \qquad (12.5)$$

Die drei Fälle unterscheiden sich durch die Randbedingungen; sie lauten

a)   b)**   c)
$M(0) = 0$, $M(l) = 0$, $\mid Q(l) = 0$, $M(l) = 0$, $\mid Q(0) = 0$, $M(0) = 0$.

---

* Der Beweis folgt aus der auf S. 54 angestellten Überlegung.

** Der rechte Rand ist frei von Kräften (dort kann weder ein Q noch M aufgenommen werden), links aber sind M und Q von Null verschieden.

§ 12. Q- und M-Linien

Aus diesen drei Gleichungspaaren folgt durch Einsetzen in (12.5):

$$M_0 = 0, \quad Q_0 = q\frac{l}{2}, \quad \bigg| Q_0 = ql, \quad M_0 = -q\frac{l^2}{2}, \bigg| \quad Q_0 = 0, \quad M_0 = 0,$$

und damit

$$Q(x) = q\left(\frac{l}{2} - x\right), \quad \bigg| \quad Q(x) = q(l-x), \quad \bigg| \quad Q(x) = -qx,$$

Fig. 12/4'

$$M(x) = \frac{q}{2}x(l-x), \quad \bigg| \quad M(x) = -\frac{q}{2}(l-x)^2, \quad \bigg| \quad M(x) = -\frac{q}{2}x^2.$$

Fig. 12/4''

Man sieht, daß sich die Fälle b) und c) — wie zu erwarten — nur durch die x-Zählung unterscheiden: Mit einem von rechts gezählten $\bar{x} = l - x$ geht b) in c) über und umgekehrt. Ferner ist $M > 0$ im zweiseitig gestützten Balken, $M < 0$ im Kragbalken (unabhängig von der x-Zählung).

Und schließlich zeigt das Beispiel, daß die eigentliche „Aufgabe" nicht die Integration ist [das formale Hinschreiben der Gln. (12.5)], sondern die Bestimmung der Integrationskonstanten aus den Randbedingungen.

Als zweites Beispiel behandeln wir noch einmal den Belastungsfall Fig. 12/3. Für die rein analytische Behandlung entsteht eine typische Schwierigkeit: Der Balken ist mehrfeldrig, und die Gln. (12.5) gelten nur innerhalb jedes Feldes. Man muß zwei Sätze von Gln. (12.5) zusammenflicken und erhält zur Bestimmung der nunmehr *vier* Integrationskonstanten *vier* Bedingungen; in unserem Beispiel die 3 Randbedingungen

$$M(0) = 0, \quad Q(l) = 0, \quad M(l) = 0 \tag{12.6}$$

und die Übergangsbedingung für die Stelle B:

$$M_{\text{links}} = M_{\text{rechts}} \quad (\text{s. Fig. 12/3d}). \tag{12.6'}$$

Man kann der Rechnung durch verschiedene Wahl der Koordinaten x die verschiedensten Formen geben — wir wollen hier nur den einen Weg schildern, der so angelegt ist, daß er auch bei beliebig vielen Feldern (jede Einzellast, nicht nur ein Lager, grenzt ja ein Feld ab!)

zum Ziel führt. Wir schreiben

Feld 1   Feld 2

$$Q = Q_0 - qx, \qquad Q = \bar{Q}_0 - qx + B,$$
$$M = M_0 + xQ_0 - q\frac{x^2}{2}, \quad M = \bar{M}_0 + x\bar{Q}_0 - q\frac{x^2}{2} + (x-a)B, \qquad (12.7)$$

d. h., wir zählen x von dem *einen* Punkte A aus, und wir schreiben die (hier durch das Auflager B) im Feld *2* hinzukommenden Querkräfte und Momente *explizit* an (Fig. 12/3').

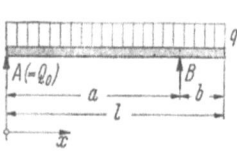

Fig. 12/3'

(Man könnte ja die Integrationskonstanten B und $\bar{Q}_0$ vereinigen oder, bei der nächsten Integration, $-aB$ in $\bar{M}_0$ hineinstecken.) Diese Schreibweise hat den Vorteil, daß die *Übergangs*-Bedingungen durch die einfache Festsetzung

$$\bar{Q}_0 = Q_0, \quad \bar{M}_0 = M_0 \qquad (12.8)$$

erfüllt sind. In unserem Beispiel ist von den beiden Gln. (12.8) die erste willkürlich (B *ist* die freie Integrationskonstante für das Feld *2*); die zweite folgt aus (12.6'), d. h. aus $M_l(a) = M_r(a)$.

Für die drei Integrationskonstanten M_0, Q_0, B stehen nun die drei Bedingungen (12.6) zur Verfügung. Aus der ersten folgt

$$M_0 = 0;$$

die beiden anderen führen auf

$$Q_0 = A = \frac{q}{2a}(a^2 - b^2), \quad B = \frac{q}{2a}(a+b)^2,$$

woraus sich der in Fig. 12/3d gezeichnete Momentenverlauf ergibt.

d) **Das „Föppl-Symbol".*** Die am letzten Beispiel vorgeführte Bestimmung des Momentenverlaufs im Mehrfeldträger läßt sich durch die Einführung eines Symbols noch einfacher *schreiben*. Definieren wir eine Funktion

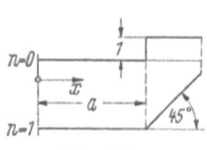

Fig. 12/5

$$\langle x-a \rangle^n \begin{aligned} &= (x-a)^n \quad \text{für} \quad x > a, \\ &= 0 \qquad\quad \text{für} \quad x < a \end{aligned}$$

(Verlauf für $n = 0$ und $n = 1$ s. Fig. 12/5), so kann man die Gln. (12.7) als eine schreiben:

$$Q = Q_0 - qx + \langle x-a \rangle^0 B,$$
$$M = M_0 + xQ_0 - q\frac{x^2}{2} + \langle x-a \rangle B, \qquad (12.7)$$

---

* AUGUST FÖPPL, 1854—1924, Prof. d. Mechanik a. d. TH München.

wobei wesentlich ist, daß $\langle x - a \rangle^n$ immer beieinander bleibt, beim Integrieren also wie *ein* Buchstabe behandelt wird:

$$\int \langle x - a \rangle^n \, dx = \frac{1}{n+1} \langle x - a \rangle^{n+1}.$$

Der Lastfall Fig. 12/6 stellt sich dar in der Form:

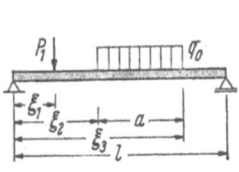
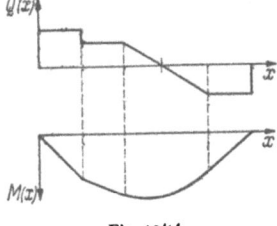

Fig. 12/6   Fig. 12/6'

$$Q = Q_0 - \langle x - \xi_1 \rangle^0 P_1 - q_0 \langle x - \xi_2 \rangle + q_0 \langle x - \xi_3 \rangle,$$

$$M = M_0 + x Q_0 - \langle x - \xi_1 \rangle P_1 - \frac{q_0}{2} \langle x - \xi_2 \rangle^2 + \frac{q_0}{2} \langle x - \xi_3 \rangle^2,$$

und die Konstanten M_0 und Q_0 ergeben sich zu

$$Q_0 = \frac{1}{l} \left[(l - \xi_1) P_1 + \frac{q_0}{2} a(2l - (\xi_2 + \xi_3)) \right],$$

$$M_0 = 0.$$

Für das *Aufzeichnen* der Funktion $M(x)$ ist es das beste, zuerst $Q(x)$ zu zeichnen, weil man damit den Verlauf der Ableitung der gesuchten Funktion hat [s. (12.3)]. Indem man M dann für zwei, drei Stellen x zahlenmäßig bestimmt, läßt es sich sofort skizzieren.

e) Der Gelenkträger (Gerber-Träger).[*] Nach (11.6') ist die Maximalbeanspruchung eines Balkens proportional dem Biegemoment M. Da M mit der Spannweite wächst, muß man bei großen Spannweiten Zwischenstützen anbringen, wenn σ nicht zu groß werden soll. Nun ist ein Balken mit mehr als zwei Vertikalstützen aber statisch unbestimmt (s. § 3d); will man einen statisch bestimmten Träger behalten, so muß man zusätzliche „Beweglichkeiten" vorsehen: Man baut (vgl. § 8b) Momentengelenke (künstliche Momentennullpunkte) ein, und wir stellen uns die Frage, wie für solche Träger die Momentenlinien verlaufen. Als ein wichtiges Ergebnis stellt sich dabei heraus, daß Gelenke in den Feldern vorteilhafter sind als Gelenke über den Stützen: Man gewinnt eine Variationsmöglichkeit, mit deren Hilfe man die Maximalmomente reduzieren kann.

---

[*] HEINRICH GERBER, 1832—1912, Direktor der MAN Mainz-Gustavsburg.

Wir betrachten zwei Beispiele und behandeln das erste nach zwei Methoden.

1α) Den Träger Fig. 12/7a haben wir in § 8b schon betrachtet — dort als Beispiel für die Bestimmung der Auflagerkräfte. Übernehmen wir das Ergebnis (8.2), so können wir Querkraft und Momentenlinie sofort skizzieren. Aus (8.2) folgt, wenn wir als Zahlenverhältnisse

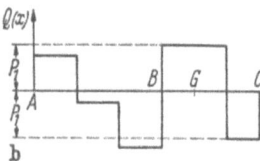

$$b = \tfrac{3}{4}a, \quad P_2 = P_1, \quad P_3 = 2P_1,$$

wählen:

$$A = \tfrac{3}{4}P_1, \quad B = \tfrac{9}{4}P_1, \quad C = P_1.$$

Daraus ergibt sich die Querkraftlinie Fig. 12/7b. (An der Gelenkstelle „passiert" nichts!) Nachdem die Querkraftlinie gezeichnet ist, findet man leicht die Momentenlinie, die — da verteilte Lasten fehlen — aus Geradenstücken besteht. Man bemerkt, daß die M-Linie überall dort (spitze) Extrema hat, wo Q durch Null geht. Bei G geht M — ohne Knick — durch Null.

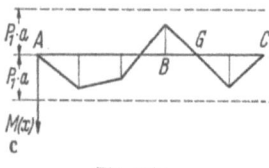

Fig. 12/7

1β) Die zweite Methode macht Gebrauch von einem Gedanken, der in der Statik immer wieder mit großem Vorteil angewendet wird: Man baut die Lösung aus Teillösungen zusammen, die einzeln sofort angebbar sind (Superposition). Symbolisch:

Wenn das Gelenk über der Stütze sitzt, erhält man zwei getrennte Balken, deren M-Linien sofort gezeichnet werden können. Den durch die Verlegung des Gelenks entstandenen Fehler korrigiert man, indem man am Gelenk B ein inneres (also nach beiden Seiten wirkendes) Moment M_B anbringt, dessen Größe man so bestimmt, daß die Resultierende aus den beiden M-Linien bei G durch Null geht. Fig. 12/8a stellt den zu M_B gehörigen Momentenverlauf dar (beide Träger kann man auffassen als Kragträger, die bei B eingespannt sind, und deren andere Enden durch die Kräfte $M_B/3a$, $M_B/3b$ belastet werden). Fig. 12/8b zeigt den Momentenverlauf für den bei B gelenkigen Träger mit der Korrektur durch M_B — die schrägen Linien von Fig. 12/8a sind mit negativen Zeichen so eingetragen, daß sie die „falsche" Momentenlinie unter G treffen: Dort verschwindet also die Summe der beiden M-Linien, und diese Bedingung legt M_B fest. Die endgültigen

Momente sind die Ordinaten der Differenzenfläche — man überzeugt sich, daß sie mit Fig. 12/7c übereinstimmen.

Die zweite Methode macht besonders anschaulich, welche Vorteile das GERBERsche Feldgelenk hat: Die neuen „Bezugslinien" AE, CE bauen die Momentenmaxima ab (im Beispiel auf 0,75 des ursprünglichen Betrags). Natürlich tauscht man dafür Stützenmomente $M_B \ne 0$ ein, aber durch Wahl der Gelenkstelle kann man, wie die Zeichnung 12/8b zeigt, jedes gewünschte Verhältnis $M_B/M_{\max}$ herstellen, und auf diese Weise eine optimale Materialausnützung erreichen.

2. Fig. 12/9a zeigt einen Träger auf $n = 6$ Stützen, der durch eine konstante Last $q = q_0$ belastet sein möge. Auf dieses Problem läßt sich die zweite Methode sofort übertragen. In Fig. 12/9b sind die

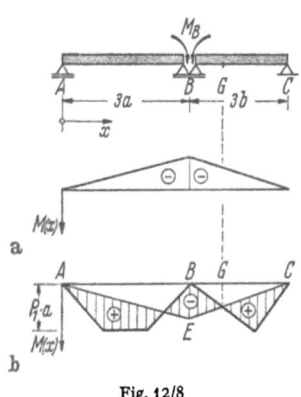

Fig. 12/8

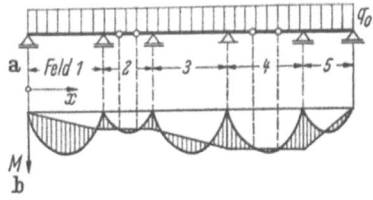

Fig. 12/9

Momentenparabeln gezeichnet, die sich ergeben, wenn die $n - 2 = 4$ Gelenke über den Zwischenstützen sitzen. Verlegt man die Gelenke, z. B. indem man, wie Fig. 12/9a andeutet, je zwei in den Feldern „2" und „4" anbringt, so entstehen 3 Kragträger und 2 „Schwebe"-Träger. Die neuen Bezugslinien für $M(x)$ ergeben sich ohne alle Schwierigkeit: In den Feldern „2" und „4" sind es die (hier waagerechten) Geraden durch die Gelenkkordinaten, und die Bezugsgeraden für die Felder „1", „3", „5" folgen dann aus der Stetigkeitsforderung für M über den Stützen.

Mathematisch bedeutet die Einführung der neuen Geraden eine Korrektur der Integrationskonstanten. Aus den „falschen" Randbedingungen für jedes Feld ergeben sich die Parabeln, die die Gleichungen

$$M' = Q, \quad Q' = -q_0, \quad \text{d. h.,} \quad M'' = -q_0 \quad \text{(in jedem Feld)}$$

für $M_{\text{links}} = M_{\text{rechts}} = 0$ integrieren. Fügt man in jedem Feld eine Gerade $C_1 x + C_2$ hinzu, so korrigiert man die Randbedingungen: M verschwindet nicht mehr an den Stützen, sondern an den Gelenken, verläuft aber an den Stützen nach wie vor stetig; in Fig. 12/9 folgen die 5×2 Konstanten C aus 6 Bedingungen „$M = 0$" und 4 Bedingungen „M stetig".

Aufgaben zu D

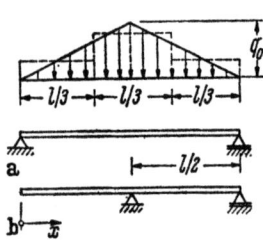

1. Mit Hilfe des Seilecks zeichne man die Momentenlinie näherungsweise, indem man in die gestrichelten Lastpakete aufteilt.

Wie groß ist $M\left(\dfrac{l}{2}\right)$?

Lösung:

a) $M\left(\dfrac{l}{2}\right) = \dfrac{q_0 l^2}{12}$, b) $M\left(\dfrac{l}{2}\right) = -\dfrac{q_0 l^2}{24}$.

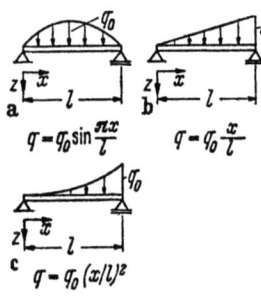

2. Für die 3 Belastungsfälle bestimme man durch formale Integration die Querkraft- und Momentenlinie. Man berechne Lage und Größe von M_{max}.

Lösung:

a) $Q = q_0 \dfrac{l}{\pi} \cos \dfrac{\pi x}{l}$, $M = q_0 \dfrac{l^2}{\pi^2} \sin \dfrac{\pi x}{l}$,

$M_{max} = \dfrac{q_0 l^2}{\pi^2}$, $x = \dfrac{l}{2}$;

b) $Q = \dfrac{q_0 l}{6}\left[1 - 3\left(\dfrac{x}{l}\right)^2\right]$;

$M = \dfrac{q_0 l^2}{6}\left[\dfrac{x}{l} - \left(\dfrac{x}{l}\right)^3\right]$; $M_{max} = \dfrac{q_0 l^2}{15{,}59}$;

$x = 0{,}577\,l$;

c) $Q = \dfrac{q_0 l}{12}\left[1 - 4\left(\dfrac{x}{l}\right)^3\right]$,

$M = \dfrac{q_0 l^2}{12}\left[\dfrac{x}{l} - \left(\dfrac{x}{l}\right)^4\right]$, $M_{max} = \dfrac{q_0 l^2}{25{,}4}$,

$x = 0{,}63\,l$.

3. Man bestimme $Q(x)$ und $M(x)$ analytisch.

Wie groß ist $M\left(x_1 = \dfrac{l}{2}\right)$?

Lösung:

a) $Q_1 = \dfrac{q_0 l}{4}\left[1 - 4\left(\dfrac{x_1}{l}\right)^2\right]$,

$Q_2 = -q_0 l\left[\dfrac{x_2}{l} - \left(\dfrac{x_2}{l}\right)^2\right]$,

$M_1 = \dfrac{q_0 l^2}{12}\left[3\dfrac{x_1}{l} - 4\left(\dfrac{x_1}{l}\right)^3\right]$,

$M_2 = \dfrac{q_0 l^2}{12}\left[1 - 6\left(\dfrac{x_2}{l}\right)^2 + 4\left(\dfrac{x_2}{l}\right)^3\right]$;

b) $Q_1 = -q_0 l \left(\dfrac{x_1}{l}\right)^2$,

$Q_2 = \dfrac{q_0 l}{4}\left[1 - 4\dfrac{x_2}{l} + 4\left(\dfrac{x_2}{l}\right)^2\right]$,

$M_1 = -\dfrac{q_0 l^2}{3}\left(\dfrac{x_1}{l}\right)^3$,

$M_2 = \dfrac{q_0 l^2}{24}\left[-1 + 6\left(\dfrac{x_2}{l}\right) - 12\left(\dfrac{x_2}{l}\right)^2 + 8\left(\dfrac{x_2}{l}\right)^3\right]$.

4. Man bestimme

a) den Verlauf der Q- und M-Linien in den Feldern ① und ②;

b) M_B für $\dfrac{a}{l} = \dfrac{3}{4}$;

c) Lage und Größe von M_{max} im Feld ①.

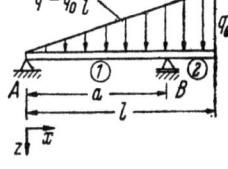

Lösung:

a) ①: $Q = \dfrac{q_0 l}{2}\left[1 - \dfrac{2}{3}\dfrac{l}{a} - \left(\dfrac{x}{l}\right)^2\right]$,

$M = \dfrac{q_0 l^2}{6}\left[3\dfrac{x}{l} - 2\dfrac{x}{a} - \left(\dfrac{x}{l}\right)^3\right]$;

②: $Q = \dfrac{q_0 l}{2}\left[1 - \left(\dfrac{x}{l}\right)^2\right]$,

$M = \dfrac{q_0 l^2}{6}\left[3\dfrac{x}{l} - 2 - \left(\dfrac{x}{l}\right)^3\right]$;

b) $M_B = -\dfrac{11}{384} q_0 l^2$;

c) $x = \dfrac{l}{3}$, $M_{max} = \dfrac{1}{81} q_0 l^2$.

5. Man bestimme die Querkraft- und Momentenlinie mit Hilfe des FÖPPL-Symbols (Ordinaten in B und C).

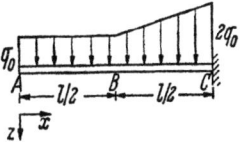

Lösung:

$Q_B = -q_0 \dfrac{l}{2}$, $M_B = -\dfrac{q_0 l^2}{8}$,

$Q_C = -\dfrac{5}{4} q_0 l$, $M_C = -\dfrac{13}{24} q_0 l^2$.

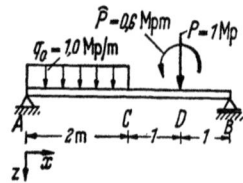

6. Man bestimme die Gleichungen für Q und M mit Hilfe des FÖPPL-Symbols, berechne daraus die Ordinaten bei A, B, C, D und skizziere die beiden Kurven.

Lösung:

$Q_A = 1{,}9$, $Q_C = Q_D^l = 0{,}1$, $Q_D^r = Q_B = -1{,}1$ Mp,
$M_A = 0$, $M_C = 1{,}8$, $M_D^l = 1{,}7$, $M_D^r = 1{,}1$ Mpm.

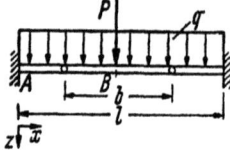

7. Ein beidseitig eingespannter GERBER-Balken ist durch eine Gleichlast q und eine Einzellast $P = q\dfrac{l}{2}$ in der Mitte belastet.

a) Welchen Abstand b müssen die symmetrisch angeordneten Gelenke voneinander haben, wenn die absoluten Werte der größten Biegemomente gleich sein sollen?

b) Man zeichne die Momenten- und Querkraftlinie.

Lösung:

a) $\quad b = \dfrac{\sqrt{5}-1}{2}\, l$;

b) $|M_A| = M_B = 0{,}995\,\dfrac{q\,l^2}{8}$.

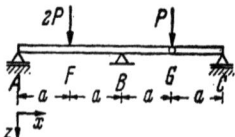

8. Für den GERBER-Träger bestimme und zeichne man Querkraft- und Momentenlinie.

Ausgezeichnete Ordinatenwerte sind anzugeben.

Lösung:

z. B.: $Q_F^l = +0{,}5\,P$, $Q_F^r = -1{,}5\,P$.
$M_F = 0{,}5\,P\,a$, $M_B = -P\,a$.

9. Für den in Aufgabe B1 dargestellten Balken mit verschiedenen Momentenbelastungen bestimme man die Q- und M-Linien.

Lösung:

a) $Q(x) = -\dfrac{\widehat{P}}{l}$, $\quad M(x) = \widehat{P}\left(1 - \dfrac{x}{l}\right)$,

b) $Q(x) = -\dfrac{\widehat{P}}{l}$,

$M(x) = -\widehat{P}\,\dfrac{x}{l} + \widehat{P}\left\langle x - \dfrac{l}{2}\right\rangle^0$,

c) $Q(x) = 0$, $\quad M(x) = \widehat{P}$,

d) $Q(x) = -\dfrac{2\widehat{P}}{l}$, $\quad M(x) = \widehat{P}\left(1 - 2\dfrac{x}{l}\right)$.

10. Ein in B und C gelagerter Halbrahmen ist an den Enden mit P symmetrisch belastet und trägt die gleichförmige Last q.

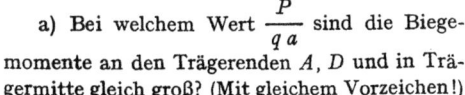

a) Bei welchem Wert $\dfrac{P}{q\,a}$ sind die Biegemomente an den Trägerenden A, D und in Trägermitte gleich groß? (Mit gleichem Vorzeichen!)

b) Zeichne die Momentenlinie für $a = 0{,}5$ m; $q = 800$ kp/m. $M_{max} = ?$

Lösung:

a) $\dfrac{P}{q\,a} = \dfrac{1}{\sqrt{2}}$,   b) $M_{max} = -300$ kpm.

11. Zwei (gewichtslose) im Punkt G gelenkig verbundene Balken sind auf 4 Stäben gelagert. Im Punkt A wirkt eine Einzellast P.

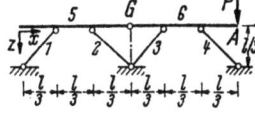

Man bestimme die Querkraft-, Normalkraft- und Biegemomentenlinien für alle Tragwerksteile (Lösung zeichnerisch oder analytisch).

Lösung:

$S_1 = -\dfrac{\sqrt{2}}{2}P$, $S_2 = +\sqrt{2}\,P$, $S_3 = 0$,

$S_4 = -\dfrac{3}{\sqrt{2}}P$.

12. Man ermittle für den durch die beiden Kräfte $P_1 = 1$ Mp und $P_2 = 2$ Mp belasteten Rahmen den Verlauf der Normalkraft, der Querkraft und des Biegemoments. In den Diagrammen gebe man die ausgezeichneten Ordinatenwerte an (Eigengewicht vernachlässigen).

Zur Kontrolle:

$Q_A^r = 3$, $Q_B = -2$ Mp; $M_A = -2$,
$M_E = +4$ Mpm; $N_A = 0$, $N_B = 3$ Mp.

13. Für den nebenstehenden Halbrahmen bestimme man die Reaktionen in A und D und zeichne in 3 Schaubildern jeweils die N-, Q- und M-Linien für den Rahmenteil $ABCD$. Die Werte der 3 Größen an der Ecke sind in die Diagramme einzutragen.

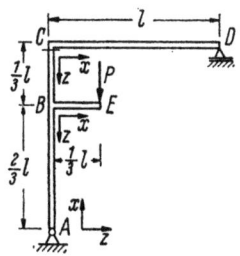

Zur Kontrolle:

$N_c^u = \tfrac{1}{3}P$, $N_c^r = 0$, $Q_c^u = 0$, $Q_c^r = -\tfrac{1}{3}P$,
$M_c = +\tfrac{1}{3}Pl$.

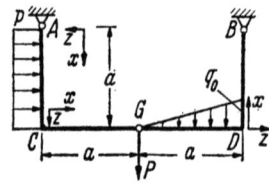

14. Man zeichne für den Dreigelenkrahmen Längskraft-, Querkraft- und Momentenlinien
$a = 2$ m, $P = 1000$ kp, $p = 1000$ kp/m, $q_0 = 1500$ kp/m.

Zur Kontrolle:
$N_e^r = 250$ kp, $\quad Q_G^l = 1250$ kp,
$M_e = 2500$ mkp, $\quad M_D = -500$ mkp.

E.[+] Bogen und Seil

§ 13. Die Bogenschnittkräfte; Stützlinie

a) **Wirkungsweise des Bogens.** Im Gegensatz zum geraden Balken, der die Querlasten durch Momente und Querkräfte überträgt (Fig. 13/1 a), leitet der Bogen die Lasten durch Momente, Querkräfte

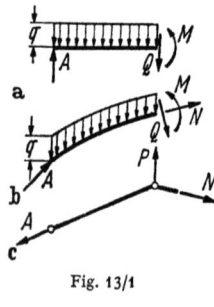

Fig. 13/1

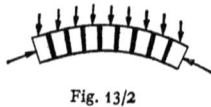

Fig. 13/2

und *Längskräfte* weiter (Fig. 13/1 b). In dem Grenzfall des Stabzweischlags (Fig. 13/1 c) (den man als einen Dreigelenk-,,Bogen" mit geraden Schenkeln auffassen kann, denn er teilt mit dem Bogen die wesentliche Eigenschaft, ein *ebener* Träger zu sein), übernehmen die Längskräfte N die Lasten sogar allein. Fig. 13/2 erinnert daran, wie wirkungsvoll diese Lastübertragung durch Längskräfte ist — eine ganz schwache Wölbung der Steine über der Fensteröffnung vermag eine große darüberliegende Last abzufangen und als Seitenkraft in die Mauer zu leiten.

Das historisch berühmteste Beispiel einer Ausnützung der Bogentragfähigkeit hat die Gotik gegeben: Die in sich leichten Bögen (leicht, weil sie wesentlich nur Längskräfte übertragen) stützen sich auf schwere Strebepfeiler, die die Seitenkräfte auffangen. Diese Kräfte beanspruchen den Pfeiler auf Biegung und Schub; die Horizontalkomponente der in den Boden geleiteten Kraft nennt man daher den Horizontal-,,Schub".

Die Mitwirkung der Längskraft macht die Mathematik des Bogens schwieriger als die des Balkens — der große bautechnische Vorteil des Bogens rechtfertigt diesen Aufwand aber uneingeschränkt.

b) **Der Zweigelenkbogen.** Als Beispiel betrachten wir den Bogen Fig. 13/3, der drei *vertikale* Lasten tragen mag. Wenn das lose Lager

---

[+] Kann bei einer ersten Lektüre überschlagen werden.

§ 13. Die Bogenschnittkräfte; Stützlinie

genau waagerecht verschieblich ist ($\mathfrak{B}$ vertikal), besteht zwischen Bogen und Balken kein Wesensunterschied. Wenn aber das Auflager B (und daher auch A) eine Horizontalkomponente hat, wird das Biegemoment vermindert — der Träger wirkt als Bogen. Fig. 13/3' zeigt die graphische Bestimmung des Biegemoments. Zeichnet man mit dem Pol Π_0 Kraft- und Seileck für den Bogen mit horizontalem Loslager, so ergibt sich das Balkenmoment

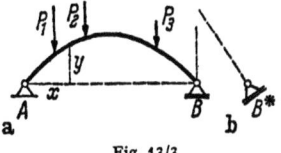

Fig. 13/3

$$M_0 = H_0 m_0 \qquad (13.1)$$

in der gewöhnlichen Weise. Das Bogenmoment im Punkt x, y wird nach Fig. 13/3'c:

$$M = M_0 - y H^*, \qquad (13.2)$$

wenn H^* der Horizontalschub ist [Waagerechtkomponente der Lagerkräfte $\mathfrak{A}^*$ und $\mathfrak{B}^*$ (s. Fig. 13/4)].

Es liegt nun nahe, zu fragen, ob sich (13.2) so umformen läßt, daß das Bogenmoment M [wie das Balkenmoment (13.1)] durch *eine* Strecke dargestellt wird. Das läßt sich ohne Schwierigkeit erreichen: Man bestimmt (Fig. 13/4) mit Hilfe der zu b^* gehörigen Schlußlinie den

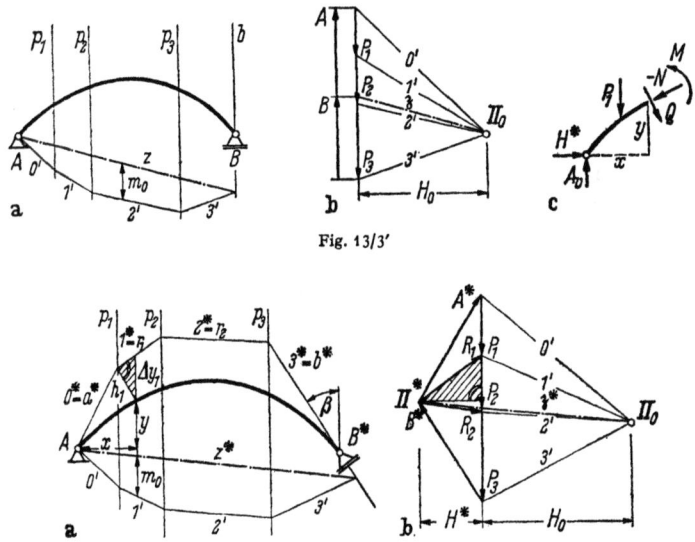

Fig. 13/3'

Fig. 13/4

Schnittpunkt Π^* der beiden Auflager $\mathfrak{A}^*$ und $\mathfrak{B}^*$ und zeichnet ein zweites, zum Pol Π^* gehöriges Pol- und Seileck, wobei die Auflager $\mathfrak{A}^*$ und $\mathfrak{B}^*$ nach Betrag, Richtung und Lage an die Stelle der Strahlen $0'$

und n' treten. Das neue Seileck gestattet, M unmittelbar abzulesen: Für die Schnittstelle x, y ist r_1 die Wirkungslinie der Resultierenden der links vom Schnitt wirkenden Kräfte $\mathfrak{A}$ und $\mathfrak{P}_1$; Moment der äußeren Kräfte (das der Bogen aufnehmen muß) ist daher

$$M(x, y) = h_1 R_1. \tag{13.3}$$

Aus der Ähnlichkeit der schraffierten Dreiecke in Fig. 13/4a, b folgt aber

$$\frac{H^*}{R_1} = \frac{h_1}{\varDelta y_1},$$

d. h.,

$$M(x, y) = H^* \varDelta y_1, \tag{13.3'}$$

und das ist die gesuchte Formel: Das Moment ist proportional der Ordinatendifferenz zwischen Bogen und Seileck. Insbesondere folgt daraus, daß für $\varDelta y = 0$ auch $M = 0$ wird: wenn der Bogen mit dem Seileck zusammenfällt, erfährt er keine Biegebeanspruchung. Man nennt das zu Π^* gehörige Seileck daher die „Stützlinie": Wenn der Bogen ihr folgt, „stützen" die Bogenelemente einander (hier durch *Druck*-Kräfte) ohne Biegung.

Das Beispiel Fig. 13/4 ist insofern speziell, als die Lasten parallel wirken; nur für diesen Fall gilt die Formel (13.3') (bei nichtvertikalen Lasten ist ja H links und rechts i. allg. verschieden!). Eine Formel (13.3) aber gilt immer, und daher bleibt die wichtigste Folgerung bestehen: Mit $h_1 = 0$ wird auch $M = 0$, d. h., wenn der Bogen der Stützlinie folgt, verschwindet die Biegebeanspruchung.

c) **Der Dreigelenkbogen.** Der Zweigelenkbogen hat, wie Fig. 13/4 zeigt, eine entscheidende Schwäche: Die Stützlinie (und damit die Biegebeanspruchung) hängt sehr stark ab von dem Winkel β, der durch die — praktisch natürlich nur näherungsweise bekannte — Beweglichkeitsrichtung des Lagers B vorgeschrieben ist. Hinzu kommt die unschöne Unsymmetrie (festes Lager, loses Lager).

Beides vermeidet der Dreigelenkbogen, den wir schon in § 8 eingeführt haben — dort als Beispiel für die Bestimmung von Auflagerkräften eines Mehrgelenkträgers. Da beim Dreigelenkbogen $H \neq 0$ ist, und da man überdies an der Gelenkstelle $M = 0$ erzwingt, sind die Momente (und d. h. die Beanspruchung) i. allg. viel kleiner als beim Zweigelenkbogen. Es lohnt sich daher, das Mehr an Rechnung bei der Bestimmung der Auflagerkräfte in Kauf zu nehmen.

Für den Bogen Fig. 13/5a haben wir in Fig. 8/4 die Auflagerkräfte schon bestimmt. Wählen wir in Fig. 13/5b $\mathfrak{A}$ und $\mathfrak{B}$ als die Kräfte $0'$ und n', d. h. legen wir den Pol speziell in den Punkt Π^*, so entsteht ein Krafteck, dessen Polstrahlen $1', 2' \ldots$ reale Teilresultierende sind; mit $0' = a$ entsteht das Stützlinienseileck Fig. 13/5a (*Kontrolle:*

§ 13. Die Bogenschnittkräfte; Stützlinie

$5' = b$). Die Momente lassen sich unmittelbar ablesen: An der Stelle E z. B. ist $M = h_E R_3$, denn die Kraft R_3 ist die an der Stelle E „gel-

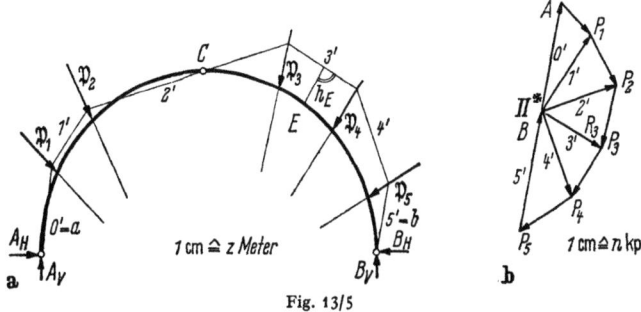

Fig. 13/5

tende" Teilresultierende (der links — oder rechts — von E wirkenden Kräfte), und h_E ist der Abstand zwischen der Wirkungslinie von R_3 und der Bogenstelle E.

d) **Die Gleichgewichts-Differentialgleichungen.** Fig. 13/6 zeigt ein Bogen-„Element" $ds = r\,d\varphi$ mit seinen Schnittkräften und Lasten (p, q pro Längeneinheit)*. Der Bogen sei „schwach gekrümmt", d. h., es sei

$$h \ll r.$$

Fig. 13/6

Das Gleichgewicht für die mittlere Radialrichtung (entgegen der Richtung des Pfeiles von r) fordert:

$$(Q + dQ)\cos\frac{d\varphi}{2} - Q\cos\frac{d\varphi}{2}$$
$$+ (N + dN)\sin\frac{d\varphi}{2} + N\sin\frac{d\varphi}{2} + q\,ds = 0.$$

In der Grenze $d\varphi \to 0$ ist $\sin\dfrac{d\varphi}{2} = \dfrac{d\varphi}{2}$, $\cos\dfrac{d\varphi}{2} = 1$, und Produkte vom Typ $dN\,d\varphi$ fallen als klein von höherer Ordnung weg; es bleibt

$$dQ + N\,d\varphi + q\,ds = 0. \qquad (13.4\text{a})$$

In genau der gleichen Weise erhält man aus der Gleichgewichtsforderung für die Richtung $\perp$ zu r:

$$dN - Q\,d\varphi + p\,ds = 0. \qquad (13.4\text{b})$$

Schließlich fordert das Momentengleichgewicht

$$dM - Q\,ds = 0. \qquad (13.4\text{c})$$

---

* Wie beim Balken die x-Richtung, so legt beim Bogen die φ-Richtung das Vorzeichen von Q (und hier auch von p) fest. Achtung in den folgenden Beispielen!

Die letzte Gleichung ist dieselbe wie für den Balken, denn in der Grenze $ds \to 0$ haben N und $N + dN$ dieselbe Wirkungslinie: Die Normalkraft liefert auch beim gekrümmten Balken zum Momentengleichgewicht keinen Beitrag. (Das Lastmoment $\frac{h}{2} p \, ds$ kann wegen $h \ll r$ wegbleiben.)

Die drei Gleichgewichtsaussagen kann man in zweierlei Art als Differentialgleichungen schreiben: indem man durch $d\varphi$ oder indem man durch ds dividiert. Mit

$$ds = r \, d\varphi$$

(r = Krümmungsradius) und den Symbolen $(\ )^\backslash = \frac{d}{ds}$, $(\ )^\bullet = \frac{d}{d\varphi}$ erhält man

$$\left. \begin{aligned} Q^\bullet + N + q\,r &= 0, \\ N^\bullet - Q + p\,r &= 0, \\ M^\bullet - Q\,r &= 0, \end{aligned} \right\} (\alpha) \qquad \left. \begin{aligned} Q^\backslash + \frac{N}{r} + q &= 0, \\ N^\backslash - \frac{Q}{r} + p &= 0, \\ M^\backslash - Q &= 0. \end{aligned} \right\} (\beta) \quad (13.5)$$

Wir betrachten einige Beispiele.

1. Der Bogen sei ein geschlossener *Kreis*-Ring vom Radius r_0 mit konstanter, rein radialer Belastung q. Die Lösung läßt sich sofort erraten:

$$N = -q\,r_0, \quad Q = M = 0. \tag{13.6}$$

(13.6) nennt man auch die *Kesselformel*, weil ein kreiszylindrischer Kessel auf konstanten Innendruck ($q < 0$) genau mit diesem Spannungszustand reagiert (abgesehen von Randstörungen, die vom Kesselboden ausgehen). Auf einen Streifen von der Breite b wirkt ein Innendruck $\bar{q} = -q/b$, d. h., es wird $N = \bar{q}\,b\,r_0$. Bezeichnen wir mit t die Wandstärke, so ist

$$\frac{N}{b\,t} \equiv \sigma = \bar{q}\,\frac{r_0}{t}. \tag{13.6'}$$

Im kreiszylindrischen Kessel verhält sich die Ringspannung zum Überdruck wie der Radius zur Wandstärke*.

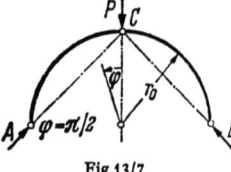

Fig. 13/7

2. Ein Dreigelenkkreisbogen trage im Scheitel die Last P. Der Bogen Fig. 13/7 zerfällt in zwei „Bereiche", von denen wir aus Symmetriegründen nur einen, z. B. den linken, zu betrachten brauchen.

Die Gln. (13.5) lauten

$$Q^\bullet + N = 0, \quad N^\bullet - Q = 0, \quad M^\bullet - r_0 Q = 0$$

---

* Über den — an sich statisch unbestimmten — geschlossenen Kreisring vgl. TM II, § 18.

§ 13. Die Bogenschnittkräfte; Stützlinie

und haben, wie man durch Einsetzen leicht verifiziert, die Lösungen

$$N = C_1 \cos\varphi + C_2 \sin\varphi, \quad Q = -C_1 \sin\varphi + C_2 \cos\varphi,$$
$$M = M_0 + r_0 C_1 \cos\varphi + r_0 C_2 \sin\varphi. \tag{13.7}$$

Die Integrationskonstanten C_1, C_2, M_0 ergeben sich aus den Randbedingungen

$$M(0) = M(\pi/2) = 0 \quad \text{und} \quad N(\pi/2) = -P/2 \quad (\text{Symmetrie!}).$$

Man findet:
$$C_1 = C_2 = -\frac{P}{2}, \quad M_0 = r_0 \frac{P}{2},$$

und damit

$$\left.\begin{aligned} M &= \frac{P r_0}{2} [1 - \sin\varphi - \cos\varphi], \\ Q &= \frac{P}{2} [\sin\varphi - \cos\varphi], \\ N &= -\frac{P}{2} [\sin\varphi + \cos\varphi]. \end{aligned}\right\} \tag{13.7'}$$

Q verschwindet für $\varphi = \pi/4$; dort hat also M sein Maximum:

$$M_{\max} = -\frac{P r_0}{2}(\sqrt{2} - 1) \approx -0{,}2 P r_0.$$

Vorzeichen und Ort des Maximums sind unmittelbar anschaulich: Die Wirkungslinie der Auflagerkraft muß, wie Fig. 13/7 andeutet, durch C gehen. Der Geradenzug ACB ist die Stützlinie: Das Biegemoment versucht, die Teilbögen nach oben zu wölben und in der Mitte natürlich am stärksten.

3. Ein Dreigelenkbogen, Fig. 13/8 a, sei durch eine längs x konstante Vertikallast q_0 (Eigengewicht/Längeneinheit einer Brückenfahrbahn z. B.) belastet. Um die Gln. (13.5) anwenden zu können, müssen wir zunächst Radial- und Tangentiallast für den Bogen bestimmen. Das Gleichgewicht des in Fig. 13/8 b herausgezeichneten kleinen Dreiecks fordert nach Fig. 13/8 c

$$q_0 \, dx \cos\varphi = q \, ds,$$
$$q_0 \, dx \sin\varphi = p \, ds;$$

mit
$$dx/ds = \cos\varphi$$

wird daraus

$$\begin{aligned} q &= q_0 \cos^2\varphi, \\ p &= q_0 \cos\varphi \sin\varphi. \end{aligned} \tag{13.8}$$

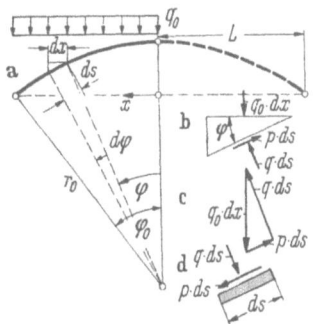

Fig. 13/8

Auf den Bogen wirkt q und p mit den in Fig. 13/8d angegebenen Vorzeichen.

Für den Kreisbogen, $r = \text{const} = r_0$, ist die Lösung von (13.5) mit (13.8) nicht schwer zu finden. Man hat die homogene Lösung (13.7), zu der ein leicht erratbares Partikularintegral tritt:

$$N = C_1 \cos\varphi + C_2 \sin\varphi - q_0 r_0 \sin^2\varphi,$$

$$Q = -C_1 \sin\varphi + C_2 \cos\varphi - q_0 r_0 \sin\varphi \cos\varphi,$$

$$M = M_0 + r_0 C_1 \cos\varphi + r_0 C_2 \sin\varphi - \frac{q_0 r_0^2}{2} \sin^2\varphi$$

und die Randbedingungen

$$Q(0) = 0 \quad (\text{Symmetrie}) \quad \text{und} \quad M(0) = M(\varphi_0) = 0;$$

daraus folgt

$$C_2 = 0, \quad -r_0 C_1 = M_0 = \frac{q_0 r_0^2}{2}(1 + \cos\varphi_0),$$

und damit

$$\left.\begin{array}{l} M = -\dfrac{q_0 r_0^2}{2}(1 - \cos\varphi)(\cos\varphi - \cos\varphi_0), \\[4pt] Q = -\dfrac{q_0 r_0}{2} \sin\varphi (1 + \cos\varphi_0 - 2\cos\varphi), \\[4pt] N = -\dfrac{q_0 r_0}{2} [\cos\varphi(1 + \cos\varphi_0) + 2\sin^2\varphi]. \end{array}\right\} \quad (13.8')$$

Bei $Q = 0$, d. h., für $\cos\varphi = \frac{1}{2}(1 + \cos\varphi_0)$ erreicht das Moment sein Maximum:

$$M_{\max} = -\frac{q_0 r_0^2}{8}(1 - \cos\varphi_0)^2. \quad (13.8'')$$

Die Druckkraft $(-N)$ wächst von

$$\frac{q_0 r_0}{2}(1 + \cos\varphi_0) \quad \text{für} \quad \varphi = 0$$

auf

$$\frac{q_0 r_0}{2}(1 + \cos\varphi_0 + \sin^2\varphi_0) \quad \text{für} \quad \varphi = \varphi_0.$$

Für flache Kreisbögen bleibt M klein. Mit

$$1 - \cos\varphi_0 \approx \varphi_0^2/2 \quad \text{und} \quad r_0 \varphi_0 \approx L$$

wird

$$M_{\max} = -\frac{q_0 L^2}{32} \varphi_0^2.$$

Diese Formel gilt aber nicht für $\varphi_0 = 0$, weil $N \sim \dfrac{q_0 L}{\varphi_0}$ mit $\varphi_0 \to 0$ über alle Grenzen geht (ein *Balken* kann eben nicht durch Normalkräfte gestützt werden).

§ 13. Die Bogenschnittkräfte; Stützlinie

Für den Halbkreis-Dreigelenkbogen $\left(\varphi_0 = \dfrac{\pi}{2}\right)$ ist $M_{\max}$ (13.8'') vergleichbar mit dem Maximalmoment $q_0\, l^2/8$ des gleichförmig belasteten Balkens; d. h., der Kreisbogen ist offenbar nicht die Stützlinie für die lotrechte Gleichstreckenlast. Wir stellen daher die Frage, welche Bogen-*Form* M exakt zu Null machen würde. Ausgangspunkt für die Antwort sind die Gln. (13.5) mit (13.8) und $M = Q = 0$.

$$N + q_0\, r \cos^2\varphi = 0,$$
$$N^\bullet + q_0\, r \sin\varphi \cos\varphi = 0. \qquad (13.9)$$

Das sind zwei Gleichungen für $N = N(\varphi)$ und $r = r(\varphi)$. Der Krümmungsradius r legt die Bogenform fest. Elimination von N liefert

$$q_0\, \dot{r} \cos^2\varphi - 2 q_0\, r \cos\varphi \sin\varphi - q_0\, r \sin\varphi \cos\varphi = 0.$$

Daraus folgt

$$\frac{\dot{r}}{r} = 3\,\frac{\sin\varphi}{\cos\varphi} \quad \text{oder} \quad \frac{d r}{r} = 3\,\frac{\sin\varphi}{\cos\varphi}\, d\varphi,$$

integriert

$$\ln r = -3 \ln(\cos\varphi) + \ln R \quad (R = \text{Radius im Scheitel } \varphi = 0).$$

Es muß also sein

$$r = \frac{R}{\cos^3\varphi}. \qquad (13.9')$$

Die Frage, welche Kurve $y(x)$ diese Bedingung erfüllt, läßt sich überraschend einfach beantworten: Es ist

$$y = \frac{x^2}{2R} + K_1 x + K_2, \qquad (13.9'')$$

denn aus der bekannten allgemeinen Formel

$$\frac{1}{r} = \frac{y''}{(\sqrt{1 + y'^2})^3} = \frac{y''}{(\sqrt{1 + \tan^2\varphi})^3} = y'' \cos^3\varphi \quad (' = \text{Ableitung nach } x)$$

ergibt sich wegen

$$y' = \frac{x}{R} + K_1, \quad y'' = \frac{1}{R}$$

gerade (13.9'). Es folgt also:

Stützlinie für die gleichförmige Vertikallast ist die gewöhnliche Parabel zweiter Ordnung (natürlich braucht der Parabelbogen, da M überall Null ist, im Scheitel kein Gelenk zu haben). Die Druckkraft liefert (13.9):

$$N = -q_0\, \frac{R}{\cos\varphi}. \qquad (13.9''')$$

Die Druckkraft hat also im Scheitel den Betrag $q_0 R$ und wächst mit φ (in Scheitelnähe sehr langsam) an. Die Fig. 13/9 stellt den Halbkreis-Dreigelenkbogen vom Radius r_0, die Last und die zugehörige Stützlinie dar. Zählt man y vom Scheitel nach unten, so lautet die Gleichung der Stützparabel nach (13.9″) $y = x^2/2R$; der Scheitelkrümmungsradius R der durch A und B gehenden Parabel ist daher $r_0/2$. An der Stelle $x = r_0$ ist $y' = \tan\alpha = 2$; die Vertikalkomponenten der Stützkräfte in A und B sind $q_0 r_0$, die Horizontalkomponenten H daher $\tfrac{1}{2} q_0 r_0$, in Übereinstimmung mit (13.9‴), wonach die Scheiteldruckkraft $q_0 \dfrac{r_0}{2}$ beträgt.

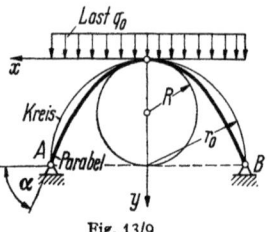

Fig. 13/9

§ 14. Das Seil

Das Seil können wir als den Sonderfall $M = Q = 0$, $N > 0$ des Bogens auffassen: Seine Form liegt nicht fest, sondern stellt sich als Stützlinie ein*. Die Gln. (13.9) für eine beliebige Belastung p, q lauten:

$$N + q\,r = 0, \qquad N^{\bullet} + p\,r = 0. \tag{14.1}$$

Zusammen mit

$$ds = r\,d\varphi$$

bestimmen sie N und r als Funktionen von φ. Nun sind, wie wir gesehen haben, diese Gleichungen mathematisch nicht angenehm** — in dem praktisch besonders wichtigen Sonderfall reiner Vertikallast q benützt man daher besser eine andere Formulierung der Gleichgewichtsaussagen. In Fig. 14/1a ist ein Seil gezeichnet, das in den

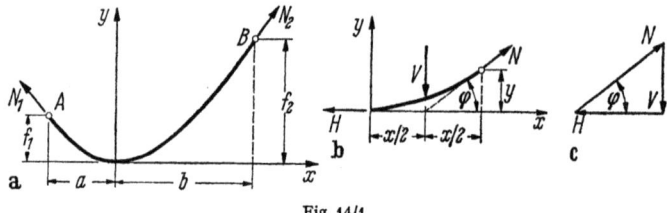

Fig. 14/1

Punkten A und B (Höhenunterschied $h = f_2 - f_1$) gehalten wird. In Fig. 14/1b ist ein Seilstück zwischen dem Scheitel und dem beliebigen Punkt x, y mit den daran wirkenden Kräften herausgezeichnet; H und N sind die Seilzugkräfte in den Punkten $(0, 0)$ und (x, y); V ist die

---

* Man erinnere sich an die Bezeichnung „Seil"-eck.
** Sie sind vor allem, im Gegensatz zu den Balken- und Bogengleichungen, *nicht linear*.

§ 14. Das Seil

Resultierende der auf das Seilstück wirkenden (vertikalen) Lasten. Fig. 14/1c stellt das Krafteck für diese drei Kräfte dar. Da N in die Richtung der Tangente fällt, ist

ferner
$$\left.\begin{array}{c}(\tan\varphi =)\, y' = \dfrac{V}{H}, \\[2mm] N = \sqrt{H^2 + V^2}.\end{array}\right\} \qquad (14.2)$$

Diese beiden Gleichungen bestimmen die Seillinie $y(x)$ und die Zugkraft N, wobei H eine (Integrations-) Konstante ist, die sich aus den Randbedingungen ergibt*.

Wir betrachten zwei Beispiele:

1. $q_v(x) = q_0 =$ const; bezogen auf die *Horizontalprojektion* sei die Last konstant. Es ist $V = q_0 x$ und daher nach der ersten Gl. (14.2)

$$y = \frac{q_0 x^2}{2H}. \qquad (14.3)**$$

Die Stützlinie ist also (was wir schon von § 13 her wissen) eine Parabel, wobei in (14.3) die Koordinaten vom Scheitel aus gezählt sind.

Wesentlich mühsamer als die Integration ist (wie so oft) die Konstantenbestimmung. Wir stellen zunächst — ohne zu fragen, was gegeben, was gesucht ist — den Zusammenhang zwischen

$$H, N_1, N_2;\ a, b, f_1, f_2$$

her. Zunächst liegt fest

$$a + b = l, \quad f_2 - f_1 = h.$$

Aus (14.2) folgt

$$N_1 = \sqrt{H^2 + (q_0 a)^2}, \quad N_2 = \sqrt{H^2 + (q_0 b)^2}, \qquad (14.4)$$

aus (14.3) ferner

$$f_1 = \frac{q_0 a^2}{2H}, \quad f_2 = \frac{q_0 b^2}{2H}, \qquad (14.4')$$

und daher

$$2H(f_2 - f_1) \equiv 2Hh = q_0(b^2 - a^2) = q_0 l(b - a).$$

Daraus (und aus $a + b = l$) erhalten wir für die Scheitelabstände

$$a = \frac{l}{2} - \frac{hH}{q_0 l}, \quad b = \frac{l}{2} + \frac{hH}{q_0 l}. \qquad (14.4'')$$

---

* (14.2) ist — für vertikale Lasten — ein „erstes Integral" der Gln. (14.1); denn in (14.1) tritt r, d. h. y'', in (14.2) nur y' auf.

** Man kontrolliert, daß der Momentensatz [die 3 Kräfte (Fig. 14/1b) H, V, N müssen durch einen Punkt gehen] erfüllt ist:

$$\frac{y}{x/2} = y' = \frac{q_0 x}{H}.$$

Nach (14.4′) sind infolgedessen auch die Scheitelhöhen f_1, f_2 und damit alle Größen als Funktionen von H bekannt.

Leider liegt H i. allg. nicht von vornherein fest. Es können gegeben sein N_1 (bzw. N_2), oder die Seillänge

$$L = \int_{-a}^{b} \sqrt{1 + y'^2}\, dx = \int_{-a}^{b} \sqrt{1 + \left(\frac{q_0 x}{H}\right)^2}\, dx$$

$$= \frac{1}{2} \left[x \sqrt{1 + \left(\frac{q_0 x}{H}\right)^2} + \frac{H}{q_0} \operatorname{ArSinh} \frac{q_0 x}{H} \right]_{-a}^{b},$$

oder der Durchhang f_1 (bzw. f_2). Als Beispiel für eine Konstantenbestimmung rechnen wir H als Funktion von f_1 und f_2 aus.

Nach (14.4″) ist
$$a^2 + b^2 = 2 \left[\frac{l^2}{4} + \left(\frac{hH}{q_0 l}\right)^2 \right],$$

und daher mit (14.4′)
$$\frac{f_1 + f_2}{h} = \frac{q_0 l^2}{hH} \left[\frac{1}{4} + \left(\frac{hH}{q_0 l^2}\right)^2 \right]. \tag{14.5}$$

Führen wir eine dimensionslose Größe
$$\zeta = \frac{hH}{q_0 l^2} \tag{14.5′}$$

ein, so wird aus (14.5), mit
$$\tfrac{1}{2}(f_1 + f_2) = f,$$

eine quadratische Gleichung für ζ:
$$\zeta^2 - \frac{2f}{h} \zeta + \frac{1}{4} = 0.$$

Ihre Lösung lautet:
$$\zeta = \frac{f}{h} \pm \sqrt{\left(\frac{f}{h}\right)^2 - \frac{1}{4}}$$

oder, mit $h = f_2 - f_1$,
$$\zeta = \frac{1}{h}\left(f \pm \frac{1}{2}\sqrt{(f_1 + f_2)^2 - (f_2 - f_1)^2}\right) = \frac{f \pm \sqrt{f_1 f_2}}{h},$$

wofür man auch
$$\zeta = \frac{(\sqrt{f_1} \pm \sqrt{f_2})^2}{2h} \tag{14.6}$$

schreiben kann. Mit $h^2 = \left(\sqrt{f_2}^2 - \sqrt{f_1}^2\right)^2$ ergibt sich schließlich
$$H = \frac{q_0 l^2}{2} \frac{1}{(\sqrt{f_2} \mp \sqrt{f_1})^2}. \tag{14.6′}$$

Das Vorzeichen im Nenner hängt davon ab, ob der Scheitel real ist (zwischen A und B), oder — z. B. — links von A liegt. Denn aus

(14.4″) und (14.6) folgt

$$\frac{a}{l} = \frac{1}{2} - \zeta = -\frac{f_1 \pm \sqrt{f_1 f_2}}{h},$$

und das ist positiv (A links vom Scheitel) für das untere, negativ (A rechts vom Scheitel) für das obere Zeichen.

Im Sonderfall $h = 0$, $f_1 = f_2 \equiv f$ folgt aus (14.6′)

$$H_{\text{sym}} = \frac{q_0 l^2}{8f}. \tag{14.6″}$$

Ein Seil von 100 m Länge, 50 cm Durchhang, das eine vertikale Last $q_0 l = 20$ kp (z. B. sein eigenes Gewicht*) tragen soll, muß also durch einen Horizontalzug von

$$H = \frac{20 \cdot 100}{8 \cdot 0,5} = 500 \text{ kp}$$

gehalten werden. Die Masten in Fig. 14/2 werden also vertikal mit 10 kp, horizontal mit 500 kp belastet!

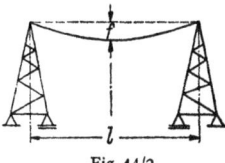

Fig. 14/2

2. $q_v(s) = q = $ const; bezogen auf die *Bogenlänge* sei die Last konstant (homogenes Seil unter Eigengewicht). Nach (14.2) ist

$$y' = \frac{qs}{H}. \tag{14.7}$$

Mit

$$ds = dx \sqrt{1 + y'^2}$$

erhält man daher als (Differential-) Gleichung für $s(x)$:

$$\frac{ds}{dx} = \sqrt{1 + \left(\frac{qs}{H}\right)^2}.$$

Trennung der Veränderlichen liefert

$$\int \frac{ds}{\sqrt{1 + \left(\frac{qs}{H}\right)^2}} \equiv \frac{H}{q} \operatorname{ArSinh}\left(\frac{qs}{H}\right) = x,$$

wobei die Integrationskonstante wegfällt, wenn x und s vom gleichen Punkt aus gezählt werden. Setzt man dieses Ergebnis, d. h.

$$\frac{qs}{H} = \operatorname{Sinh}\left(\frac{qx}{H}\right), \tag{14.7′}$$

in (14.7) ein, so kann man ein zweites Mal integrieren und erhält

$$y = \frac{H}{q}\left[\operatorname{Cosh}\left(\frac{qx}{H}\right) - 1\right], \tag{14.8}$$

---

* Siehe das nächste Beispiel.

wenn wir die Integrationskonstante so wählen, daß für $x = 0$ auch $y = 0$ wird. Gl. (14.8) ist die Gleichung der *Kettenlinie*, denn eine (gleichförmige) Kette nimmt unter ihrem Eigengewicht diese Form an. — Sehr einfach wird die Formel für N:

$$N = \sqrt{H^2 + (qs)^2} = H\sqrt{1 + \operatorname{Sinh}^2\left(\frac{qx}{H}\right)} = H\operatorname{Cosh}\left(\frac{qx}{H}\right),$$

wofür man nach (14.8) auch schreiben kann

$$N = H + qy. \tag{14.8'}$$

Bei großem Durchhang (kleinem H) unterscheiden sich Kettenlinie und Parabel erheblich. Bei kleinem Durchhang (großem H) liefert die Reihenentwicklung von (14.8)

$$y = \frac{H}{q}\frac{1}{2}\left(\frac{qx}{H}\right)^2 = \frac{qx^2}{2H},$$

also die Parabel (14.3).

Die *Konstantenbestimmung* ist bei der Kettenlinie sehr viel mühsamer als bei der Parabel. Bei der symmetrischen Kette folgt aus (14.8)

$$f = \frac{H}{q}\left(\operatorname{Cosh}\left(\frac{ql}{2H}\right) - 1\right), \tag{14.9}$$

wenn der waagerechte Abstand zwischen den Fixpunkten wieder mit l bezeichnet wird. Wenn daraus nicht f, sondern H bestimmt werden soll, muß man diese transzendente Gleichung durch Probieren lösen. Ebenso wenn nicht f, sondern L, die Länge der Kette, gegeben ist; dann folgt aus (14.7')

$$\frac{qL}{2H} = \operatorname{Sinh}\left(\frac{ql}{2H}\right).$$

Wesentlich komplizierter werden die Gleichungen, wenn die Kette an verschieden hohen Punkten aufgehängt wird. Dann muß man, um die Größen a, b, f_1, f_2 in Fig. 14/1 zu bestimmen, sogar bei gegebenem H eine transzendente Gleichung lösen:

$$h = f_2 - f_1 = \frac{H}{q}\left(\operatorname{Cosh}\left(\frac{qb}{H}\right) - \operatorname{Cosh}\left(\frac{qa}{H}\right)\right), \tag{14.9'}$$

was, zusammen mit $a + b = l$, die Abszissen a, b festlegt. Aus (14.7') folgt

$$L = \frac{H}{q}\left(\operatorname{Sinh}\left(\frac{qb}{H}\right) + \operatorname{Sinh}\left(\frac{qa}{H}\right)\right), \tag{14.9''}$$

woraus (zusammen mit $a + b = l$) a, b bei gegebenem H und L bestimmt werden können. Ist f nicht gegeben, so muß man (14.9') und (14.9'') in geeigneter Weise kombinieren — die verschiedenen mathematischen Möglichkeiten im einzelnen zu diskutieren, würde aber hier zu weit führen; um so mehr, als die *flache* Kette als Parabel aufgefaßt werden kann, für die wir eine Konstantenbestimmung explizit vorgeführt haben [s. auch das Zahlenbeispiel zu (14.6'')].

Aufgaben zu E

1. Ein Parabelbogen mit dem Scheitel in A trägt eine horizontale Last P. Man bestimme

a) die Stützlinie,
b) die Auflagerkräfte,
c) die Normalkraft-, Querkraft- und Momentenlinie in Abhängigkeit von x.

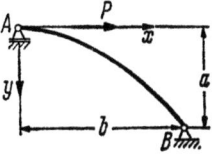

Lösung:

a) Stützlinie: Gerade $\overline{AB}$;

b) $\downarrow A_y = \uparrow B_y = \dfrac{Pa}{b}$, $\overleftarrow{B_x} = P$;

c) $N(x) = -\dfrac{P}{\sqrt{1+4\left(\dfrac{a}{b}\right)^2\left(\dfrac{x}{b}\right)^2}} \times$

$$\times \left[2\left(\dfrac{a}{b}\right)^2 \dfrac{x}{b} + 1\right];$$

$Q(x) = -\dfrac{P}{\sqrt{1+4\left(\dfrac{a}{b}\right)^2\left(\dfrac{x}{b}\right)^2}} \dfrac{a}{b}\left[1 - 2\dfrac{x}{b}\right];$

$M(x) = Pa\left[\left(\dfrac{x}{b}\right)^2 - \dfrac{x}{b}\right].$

2. Ein eingespannter Viertelkreisträger wird durch

a) eine Last P am Ende,
b) konstante Radiallast p,
c) konstante Vertikallast g belastet.

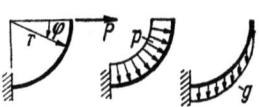

Man bestimme jeweils Normalkraft-, Querkraft- und Momentenlinie.

Lösung:
a) $N = P \sin\varphi$, $Q = P \cos\varphi$,

$M = r P \sin\varphi;$

b) $N = p\, r (1 - \cos\varphi)$, $Q = p\, r \sin\varphi$,

$M = p\, r^2 (1 - \cos\varphi);$

c) $N = -g\, r \cos\varphi (1 - \cos\varphi),$

$Q = g\, r \sin\varphi (1 - \cos\varphi),$

$M = \tfrac{1}{2} g\, r^2 (1 - \cos\varphi)^2.$

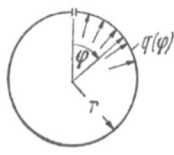

3. Ein offener Kreisringträger ist radial mit $q = q_0 \sin^2\varphi$ belastet.

Man bestimme Normalkraft-, Querkraft- und Momentenlinie.

Lösung:

$$N = \frac{q_0 r}{3}[1 - 2\cos\varphi + \cos^2\varphi],$$

$$Q = \frac{2q_0 r}{3}\sin\varphi[1 - \cos\varphi],$$

$$M = \frac{q_0 r^2}{3}[1 - 2\cos\varphi + \cos^2\varphi].$$

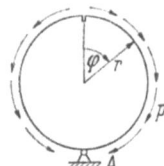

4. Ein offener Kreisringträger (Radius r) wird tangential mit $p = p_0 \sin\varphi$ belastet.

Man bestimme
a) die Lagerkraft A,
b) Normalkraft-, Querkraft- und Momentenlinie.

Lösung:

a) $\uparrow A_v = \pi r p_0$;

b) $N = -\dfrac{r p_0}{2}\varphi \sin\varphi$,

$Q = \dfrac{r p_0}{2}[\sin\varphi - \varphi\cos\varphi]$,

$M = p_0 r^2 \left[1 - \cos\varphi - \dfrac{1}{2}\varphi\sin\varphi\right]$.

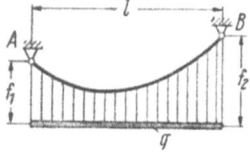

5. Das Tragrohr einer Rohrbrücke (Gewicht pro $LE = q$) wird mit sehr vielen Hängern am Kabel so befestigt, daß im Rohr keine Biegemomente auftreten. Die Höhe der Verankerungen über der Rohrachse ist vorgeschrieben.

Wie muß das Kabel geführt werden, damit eine möglichst kleine Kabelkraft erreicht wird? Wie groß ist dann der Extremwert der Kabelkraft?

Zahlenwerte: $f_1 = 5$ m, $l = 50$ m,
$f_2 = 7$ m, $q = 1$ Mp/m.

Lösung: Kabel tangiert das Rohr

$N_{\max} = N_B = 55{,}8$ Mp.

6. Zwei Kabel (Gewicht pro horizontaler LE $= q$) sind an einem Hochspannungsmast befestigt. Um Biegung zu vermeiden, müssen die Horizontalkräfte beider Kabel gleich groß sein. Um welche Höhe h muß man das linke Kabel höher hängen?

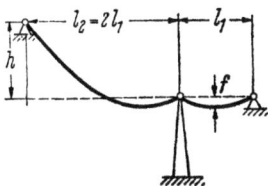

Lösung: $h = 8f$.

7. Ein Balken unter Dreieckslast wird durch viele Hänger an einem Kabel so befestigt, daß im Balken keine Biegemomente auftreten. Welche Form des Kabels stellt sich ein? Wie groß ist die Seilkraft im Tiefpunkt des Kabels?

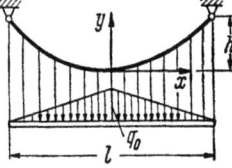

Lösung:
$$y = 4h\left[3\left(\frac{x}{l}\right)^2 - 4\left(\frac{x}{l}\right)^3\right],$$
$$H = \frac{1}{24}\frac{q_0 l^2}{h}.$$

F. Arbeit und Energie

§ 15. Der Arbeitssatz

Die Arbeit δA, die eine Kraft $\mathfrak{K}$ auf einem Weg $\delta\mathfrak{s}$ leistet*, ist definiert durch das skalare Produkt der beiden Vektoren $\mathfrak{K}$ und $\delta\mathfrak{s}$:

$$\delta A = \mathfrak{K} \cdot \delta\mathfrak{s}. \tag{15.0}$$

Es ist also

„Arbeit = Kraft mal Weg" (15.0')

mit den folgenden drei Präzisierungen:

1. Kraft und Weg sind beide gerichtete Größen (Vektoren); die Arbeit ist eine nichtgerichtete (skalare) Größe.
2. Das Arbeitsprodukt besteht aus drei Faktoren

$$\delta A = K\,\delta s\,\cos\varphi, \tag{15.0''}$$

Kraftbetrag mal Wegbetrag mal cos des Winkels zwischen dem Kraft- und dem Wegvektor; Arbeit ist also nicht Kraft mal Weg

---

* δA, $\delta\mathfrak{s}$ usw. sind „Differentiale"; wir schreiben δ statt d, weil das Zeichen d in der Kontinuumsmechanik (TM II) die Integration über der Körpererstreckung kennzeichnet (dx, dz usw.).

schlechthin, sondern

oder   Kraftkomponente in Richtung des Weges mal Weg

Kraft mal Wegkomponente in Richtung der Kraft.

3. Der Weg $\delta\mathfrak{s}$ ist ein Differential, d. h., die einfache Produktdefinition gilt nur für unendlich kleine Wegstrecken, genauer: für Wegstücke, längs denen $\mathfrak{K}$ konstant ist. Aus den Arbeitszuwächsen δA entsteht die Gesamtarbeit durch Integration

$$A = \int \mathfrak{K} \cdot \delta\mathfrak{s}.$$

Nur im Sonderfall $\mathfrak{K}$ = const (und $\cos\varphi$ = const) wird daraus $A = \mathfrak{K} \cdot \mathfrak{s}$ („Kraft mal Weg").

Für die Statik ist die dritte Feststellung unwesentlich. Überhaupt gehört der Arbeitsbegriff im Grunde, worauf ja das Wort „Weg" („Bewegung") hindeutet, in die Kinetik. Aber merkwürdigerweise ist die Gl. (15.0) auch innerhalb der Statik von großem Nutzen und von ganz besonderem, wenn nach der *Stabilität* einer Gleichgewichtslage (§ 16) gefragt wird.

Wir betrachten einige Beispiele:

a) Schiefe Ebene. Auf der reibungsfreien schiefen Ebene befindet sich ein Gewicht G, im Gleichgewicht gehalten durch ein Gewicht Q. Rückt man Q um ein kleines Stück δs nach unten, so leistet es die

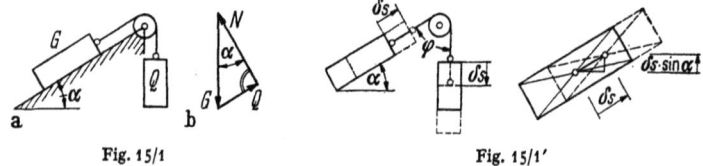

Fig. 15/1   Fig. 15/1'

Arbeit $Q \, \delta s$. Um denselben Betrag δs rückt das mit Q durch das undehnbare Seil verbundene Gewicht G hinauf — nach (15.0) beträgt die dabei geleistete Arbeit (Fig. 15/1')

$$G \cos(180° - \varphi) \, \delta s = -G \cos\varphi \, \delta s = -G \sin\alpha \, \delta s.$$

Die insgesamt geleistete Arbeit ist also

$$Q \, \delta s - G \sin\alpha \, \delta s = (Q - G \sin\alpha) \, \delta s.$$

Aus dem Krafteck Fig. 15/1b folgt, daß die beiden Terme in der Klammer einander tilgen; d. h., die bei einer kleinen Verrückung δs geleistete Arbeit verschwindet, wenn Gleichgewicht herrscht.

Da aus

$$Q \, \delta s - G \sin\alpha \, \delta s = 0 \qquad (15.1\mathrm{a})$$

$$Q = G \sin\alpha \qquad (15.1\mathrm{c})$$

folgt, gilt auch das Umgekehrte: Wenn die Kräfte bei einer kleinen Verrückung insgesamt keine Arbeit leisten, herrscht Gleichgewicht.

Wir wollen diesen Satz an drei weiteren Beispielen bestätigen, wobei das Verfahren systematisch so läuft, daß wir zunächst den Arbeitssatz $\delta A = 0$ anschreiben [Gl. (a)], dann auf Grund einer geometrischen Überlegung die Verrückungen miteinander in Verbindung bringen [Gl. (b)] und aus der Kombination beider Aussagen auf die Gleichgewichtsbedingung schließen [Gl. (c)].

b) Hebel. Wird das Lager H in Fig. 15/2 festgehalten, so lautet der Arbeitssatz

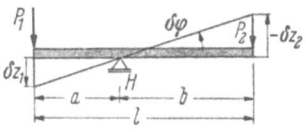

Fig. 15/2

$$\delta A \equiv P_1 \delta z_1 + P_2 \delta z_2 = 0, \quad (15.2\text{a})$$

wenn wir verabreden, δz hier in der Richtung der Lasten, d. h. nach unten positiv, zu zählen*. Besteht die gedachte kleine Verrückung in einer Drehung des starren Hebels um H, so gilt nach Fig. 15/2:

$$\delta z_1 = a \, \delta\varphi, \quad \delta z_2 = -b \, \delta\varphi, \tag{b}$$

und aus (15.2a) wird daher

$$(P_1 a - P_2 b) \, \delta\varphi = 0. \tag{c}$$

Die Forderung $\delta A = 0$ führt also, wenn wir (in Gedanken) um H *drehen*, auf den Hebelsatz von Archimedes. Umgekehrt folgt aus (c) und (b) der Arbeitssatz (15.2a).

Wir variieren das Hebelbeispiel, indem wir uns alle drei Kräfte als (bewegliche) äußere Kräfte vorstellen (Fig. 15/2*). Dann tritt, wenn wir H nach oben positiv zählen, an die Stelle von (15.2a) allgemeiner:

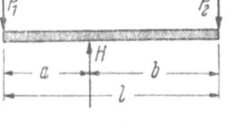

Fig. 15/2*

$$\delta A \equiv P_1 \delta z_1 - H \delta z_H + P_2 \delta z_2 = 0. \quad (15.2^*\text{a})$$

Denken wir uns nun den Hebel parallel verschoben, d. h., wählen wir

$$\delta z_1 = \delta z_H = \delta z_2 \equiv \delta z, \tag{b}$$

so folgt aus (15.2*a)

$$P_1 + P_2 = H. \tag{c}$$

Denken wir uns den Hebel um das linke Ende gedreht, d. h., wählen wir

$$\delta z_1 = 0, \quad \delta z_H = a \, \delta\varphi, \quad \delta z_2 = l \, \delta\varphi, \tag{b'}$$

---

* Man kann auch (in § 16 werden wir das tun) δz grundsätzlich nach oben zählen und erhält trotzdem positive Produkte $P \delta z$, dann nämlich, wenn man nicht die Arbeit δA, sondern die Änderung der potentiellen Energie $\delta \Pi = -\delta A$ anschreibt.

so ergibt sich
$$a H = l P_2. \tag{c'}$$

Das heißt: Je nach der Wahl der Verrückung (des *starren* Hebels) erhält man andere und andere Formen der Gleichgewichtsaussagen.

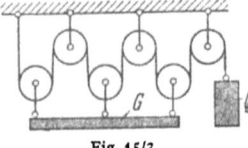
Fig. 15/3

c) Flaschenzug. Bezeichnet δs die Senkung des Gewichts Q, δh die der (einzigen) Last G, so lautet der Arbeitssatz

$$\delta A = Q \,\delta s + G \,\delta h = 0. \tag{15.3a}$$

Da in Fig. 15/3 die Seilverlängerung δs durch die Verkürzung von 6 Seilen wettgemacht wird, hebt sich G um $\tfrac{1}{6}\delta s$:

$$\delta h = -\tfrac{1}{6}\delta s. \tag{b}$$

Aus (15.3a) und (b) ergibt sich

$$Q\,\delta s - G\,\tfrac{1}{6}\,\delta s = 0,$$

d. h.
$$G = 6Q. \tag{c}$$

Natürlich folgt wieder aus (c) und (b) der Arbeitssatz (15.3a).

In den bisherigen Beispielen kamen nur Produkte Kraft mal Weg vor. Aber natürlich leisten auch *Drehkräfte* Arbeit. Findet in der Ebene eine Drehbewegung statt (Fig. 15/4), so ist der Weg der Kraft $r\,\delta\varphi$ und also

Fig. 15/4
$$\delta A = K\,r\,\delta\varphi = \widehat{K}\,\delta\varphi, \tag{15.0*}$$

wenn wir mit $\widehat{K}$ die Drehkraft rK bezeichnen: Es ist also bei Drehbewegung die

Arbeit = Drehkraft mal Winkel.

Im Raum gilt entsprechend

$$\delta A = \widehat{\mathfrak{K}} \cdot \delta\mathfrak{v};$$

die Arbeit ist das Skalarprodukt aus dem Drehkraftvektor $\widehat{\mathfrak{K}}$ und dem (infinitesimalen) Drehvektor $\delta\mathfrak{v}$.

Im Beispiel d) brauchen wir die Formulierung (15.0*).

d) Schraube (Wagenheber). Wie groß muß die Drehkraft $\widehat{P}$ in Fig. 15/5a sein, wenn mit Hilfe der in ihrer Mutter reibungslos laufenden Schraube das Gewicht P gehoben werden soll? Gleichgewicht herrscht, wenn die bei einer virtuellen Verrückung von den Kräften P und $\widehat{P}$

§ 15. Der Arbeitssatz

geleistete Arbeit Null ist:

$$\widehat{P}\,\delta\varphi + P\,\delta z = 0. \qquad (15.4\mathrm{a})$$

Jeder Punkt der Schraube wird bei der Drehung $\delta\varphi$ um einen der Steigung $\tan\alpha$ proportionalen Betrag *gehoben*; es ist

$$\delta z = -(r\tan\alpha)\,\delta\varphi,$$

wofür man nach Fig. 15/5b auch

$$\delta z = -\frac{h}{2\pi}\,\delta\varphi \qquad (\mathrm{b})$$

schreiben kann. Aus (15.4a) folgt daher

$$\widehat{P} = \frac{h}{2\pi}\,P. \qquad (\mathrm{c})$$

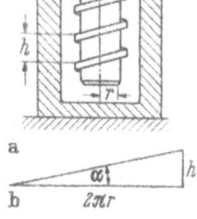

Fig. 15/5

Wir merken an, daß nur bei der reibungslosen Schraube der Arbeitssatz auf so einfache Weise zum Ergebnis führt: die Reibungskraft R leistet bei der virtuellen Verrückung $\delta\varphi$ Arbeit, die in Gl. (15.4a) eingeht; da R von der Normalkraft zwischen Schraube und Mutter abhängt, kommt man dann um die (durch den Arbeitssatz vermiedene) Bestimmung dieser Normalkraft, d. h. um das „Aufschneiden" und die zugehörige Gleichgewichtsaussage nicht herum (s. § 17; 8).

e) Gelenkträger. Der Gelenkträger Fig. 15/6a sei durch Einzellasten $P_{1,2}\ldots$ belastet, die entweder als solche gegeben oder als die Resultierenden je Feld (AB, BG_1, G_1C usw.) von Streckenlasten $q(x)$ bestimmt seien. Gesucht werde eine der Auflagerkräfte, etwa B. Die „gewöhnliche Statik" kann diese Aufgabe nur durch Aufschneiden lösen: Zum Beispiel liefert dreimalige Anwendung des Momentensatzes für die an den Gelenken voneinander getrennten Balken der Reihe nach

G_2, G_1, B.

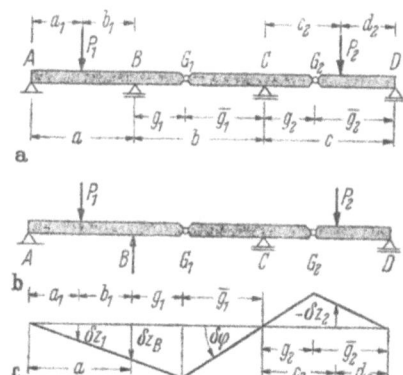

Fig. 15/6

Was leistet der Arbeitssatz? Genau wie bei der Gleichgewichtsbetrachtung müssen wir zunächst, durch Wegnehmen des Lagers, B zur äußeren Kraft machen (für Balken plus Lager ist es eine innere, d. h. „unsichtbare" Kraft). Das System Fig. 15/6b (Fig. 15/6a ohne das *Lager B*) ist beweglich, und man kann, wie Fig. 15/6c andeutet, eine kleine Drehung $\delta\varphi$, z. B. um das Lager C, vornehmen. Dann leistet B, genau wie P_1 und P_2, eine Arbeit, und zwar lautet der Arbeitssatz, da B nach oben positiv gezählt wird:

$$P_1 \delta z_1 + P_2 \delta z_2 - B \delta z_B = 0. \tag{15.5a}$$

Aus Fig. 15/5c lesen wir ab:

$$\delta z_1 = \frac{a_1}{a + g_1} \bar{g}_1 \delta \varphi; \quad \delta z_B = \frac{a}{a + g_1} \bar{g}_1 \delta \varphi, \quad \delta z_2 = -\frac{d_2}{\bar{g}_2} g_2 \delta \varphi, \tag{b}$$

und damit ergibt sich

$$B = P_1 \frac{a_1}{a} - P_2 \frac{d_2}{\bar{g}_2} \frac{g_2}{\bar{g}_1} \frac{a + g_1}{a}. \tag{c}$$

Noch einfacher als über die Strecken a_1, a, g_1 usw. erhält man das Ergebnis (15.5c) unmittelbar aus Fig. 15/6c. Anstelle von Gl. (15.5a) kann man schreiben

$$B = P_1 \frac{\delta z_1}{\delta z_B} + P_2 \frac{\delta z_2}{\delta z_B}, \tag{15.5a'}$$

und da die Figur die Verhältniszahlen $\delta z_i / \delta z_B$ abzugreifen gestattet, ist — in dieser halbgraphischen Weise — die Bestimmung einer Auflagerkraft auf Grund des Arbeitssatzes in der Tat extrem einfach.

Übrigens ist die Bestimmung einer „Reaktions"-Kraft keine Besonderheit des fünften Beispiels. In den drei ersten Beispielen kann Q oder H oder P_2 durchaus Reaktionskraft sein, wenn Seil oder Träger an der „Q-Stelle" festgehalten werden. Für die Rechnung muß man aber den Träger beweglich und Q zur äußeren Kraft *machen**.

f)** **Berechnung eines Stabwerks mit Hilfe des Arbeitssatzes.** In Fig. 15/7 ist ein Viergelenkfachwerk gezeichnet (16 Knoten, 27 Stäbe), das von 5 Lagerkräften

$$A_x, A_z, B, C_x, C_z \tag{15.6}$$

gehalten wird. Die Bestimmung einer Stabkraft, z. B. S, nach der Methode der Statik wäre sehr umständlich. Denn ehe RITTER oder CREMONA in Aktion treten können, muß man alle äußeren Kräfte, d. h. insbesondere die fünf Auflagerkräfte, haben. Trennt man in die drei starren Körper I, II, III (vgl. Fig. 15/8) auf, so erhält man neun miteinander verkoppelte Gleichungen für die fünf Auflager- und die vier Ge-

Fig. 15/7

---
* Das sog. Befreiungsprinzip von LAGRANGE (s. SZABÓ: Höhere Techn. Mechanik, 4. Aufl., Berlin/Göttingen/Heidelberg: Springer 1964, S. 4).
** Bei einer ersten Lektüre überschlagen.

§ 15. Der Arbeitssatz

lenkkräfte. Benutzt man — geschickter — die Gleichgewichtsaussagen für das Gesamtsystem und je eine Momentenaussage für die Körper I und III bez. G und H, so fallen zwar die Gelenkkräfte weg, es bleiben aber immer noch fünf Gleichungen für fünf Unbekannte. Wir wollen daher den Arbeitssatz heranziehen und fragen im Beispiel speziell nach drei Kräften: der Auflagerkraft $B_z \equiv B$, der Stabkraft S und der Gelenkkraft in G.

α) Am einfachsten ist die Bestimmung der *Auflagerkraft B*. Wenn wir das Lager durch die Kraft B ersetzen, wird das Fachwerk beweglich, und aus der Arbeitsgleichung (B nach oben gezählt)

$$\sum P_i \, \delta z_i - B \, \delta z_B = 0 \tag{15.7a}$$

bestimmt sich B. Wie erhält man die Verrückungen δz_i? Für die Körper I und III sehr einfach: Die Bewegungen sind Drehungen um die festen Lager $A \equiv O_I$ und $C \equiv O_{III}$.
Wählt man also 2 Drehungen $\delta\varphi_I$ und $\delta\varphi_{III}$ um diese Lager als die „zulässigen" Verrückungen, so bewegen sich die Kraftangriffspunkte auf Senkrechten zu den durch die Abstände p_1 und p_3 in Fig. 15/8 gekennzeichneten Verbindungslinien, d. h., die Arbeit der beiden Kräfte P_1 und P_3 ist

$$P_1 p_1 \sin\beta_1 \, \delta\varphi_I + P_3 p_3 \sin\beta_3 \, \delta\varphi_{III}$$

Fig. 15/8

(positiv, da mit den Drehungen ↻ Abwärtsbewegungen verbunden sind). Es kommt also nur noch darauf an, die Bewegung des Körpers II zu beschreiben, womit sich zugleich der Zusammenhang ergibt zwischen $\delta\varphi_I$ und $\delta\varphi_{III}$. Der Körper II wird durch die Bewegungen seiner Gelenke G und H „geführt". Da diese Gelenke zugleich den Körpern I und III angehören, sind ihre Bewegungen bekannt: senkrecht auf AG bzw. CH und vom Betrag $p_G^I \, \delta\varphi_I$ bzw. $p_H^{III} \, \delta\varphi_{III}$. Die Bewegungsrichtungen der Gelenke bestimmen den *Drehpunkt* O_{II} für den mittleren Körper. Denn $\perp O_I G$ heißt: Die Bewegung kann gedeutet werden als eine kleine Drehung um einen auf $O_I G$ liegenden Punkt; $\perp O_{III} H$ sagt dasselbe für $O_{III} H$ aus, d. h., Drehpunkt des Körpers II ist der Schnittpunkt O_{II} der beiden Geraden $O_I G$ und $O_{III} H$. Mit der Kenntnis der drei Punkte $O_{I\ldots III}$ kennt man die ganze Bewegung.

Es ist

$$\begin{aligned}\text{Verrückung von } G: \quad & p_G^I \, \delta\varphi_I \phantom{{}_{III}} = p_G^{II} \, \delta\varphi_{II}, \\ \text{Verrückung von } H: \quad & p_H^{III} \, \delta\varphi_{III} = p_H^{II} \, \delta\varphi_{II}\end{aligned} \tag{b}$$

($\delta\varphi_{II}$ hier im Gegendrehsinn zu $\delta\varphi_I$ und $\delta\varphi_{III}$ positiv gezählt). Die Doppelgleichung (15.7b) legt das Verhältnis der Drehungen

$\delta\varphi_\mathrm{I}$, $\delta\varphi_\mathrm{II}$, $\delta\varphi_\mathrm{III}$ zueinander fest (das System hat ja nur einen Freiheitsgrad der Bewegung, z. B. $\delta\varphi_\mathrm{I}$), und mit $\delta\varphi_\mathrm{II}$ hat man auch die Bewegung der Angriffspunkte von P_2 und B. Im Beispiel fällt der Drehradius $\overline{O_\mathrm{II}\,P_2}$ in die Richtung der Kraft P_2. P_2 steht daher auf der möglichen Bewegung senkrecht und leistet keine Arbeit. Die Arbeit von B ist $-B\,p_B \sin\alpha\,\delta\varphi_\mathrm{II}$ (der Angriffspunkt bewegt sich nach unten). Aus (15.7a) wird daher

$$\left[P_1\,p_1 \sin\beta_1 + P_3\,p_3 \frac{p_H^\mathrm{II}}{p_H^\mathrm{III}}\frac{p_G^\mathrm{I}}{p_G^\mathrm{II}}\sin\beta_3 - B\,p_B \frac{p_G^\mathrm{I}}{p_G^\mathrm{II}}\sin\alpha\right]\delta\varphi_\mathrm{I} = 0$$

und damit endgültig

$$B = \frac{1}{p_B \sin\alpha}\left[P_1\,p_1\sin\beta_1\frac{p_G^\mathrm{II}}{p_G^\mathrm{I}} + P_3\,p_3\sin\beta_3\frac{p_H^\mathrm{II}}{p_H^\mathrm{III}}\right]. \tag{c}$$

Winkel und Strecken greift man aus Fig. 15/8 ab.*

Natürlich darf in (c) weder p_B noch α Null sein. Das erstere (Zusammenfallen der Punkte O_II und B) wird wohl kaum eintreten. Das zweite muß man dagegen bewußt vermeiden; es würde bedeuten, daß die Kraft $\mathfrak{B}$ durch O_II geht, d. h., daß die drei Pendelstützen, die den Körper II halten (die Körper I, III und die Stütze B), Wirkungslinien haben, die sich in *einem* Punkt treffen. Eine solche Stützung wäre „wackelig" und daher unzulässig (siehe § 3d). Die *nicht* durch einen Punkt gehenden drei Wirkungslinien sind in Fig. 15/7 gestrichelt angedeutet.

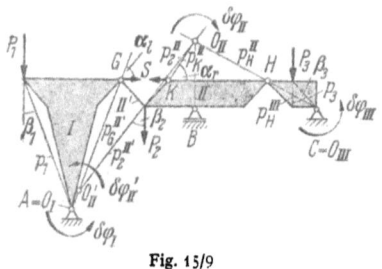

Fig. 15/9

β) Zur Bestimmung der *Stabkraft S* wird das Gebilde Fig. 15/7 beweglich gemacht durch Wegnehmen des Stabes „S". Es zerfällt jetzt, wie Fig. 15/9 zeigt, in vier starre Körper: die drei schattierten Körper I, II, III und den Stab $GP_2 \equiv II'$ (mit P_2 sei auch der Endpunkt des Stabes II' bezeichnet). Die Arbeit der Stabkraft S wird geleistet an der durch die Beweglichkeit des Gebildes entstehenden Relativverschiebung $\delta x_l - \delta x_r$ der beiden Angriffspunkte; das Analogon zu Gl. (15.7a) ist daher

$$\sum P_i\,\delta z_i + S(\delta x_l - \delta x_r) = 0. \tag{15.8a}$$

Der Unterschied zwischen (15.8a) und (15.7a) [die Unbekannte tritt in (15.7a) nur einmal auf] rührt daher, daß die Gegenkraft zu B an dem unbeweglichen Auflager keine Arbeit leistet.

Die Kinematik läuft genau ab wie bei der ersten Fragestellung. Der Drehpunkt O_II ergibt sich als der Schnittpunkt von $O_\mathrm{III} H$ und der

---

* Oder nur *Strecken*, wenn man anstelle der p_i die *Senkrechten* auf die Wirkungslinien der Kräfte benutzt.

§ 15. Der Arbeitssatz

Vertikalen durch B (denn der Punkt B wird waagerecht geführt), der Drehpunkt O_{II}' als der Schnittpunkt von $O_{II} P_2$ mit $O_I G$. Es gilt also

$$p_G^I \, \delta\varphi_I = p_G^{II'} \, \delta\varphi_{II'}, \quad p_2^{II'} \, \delta\varphi_{II'} = p_2^{II} \, \delta\varphi_{II}, \quad p_H^{II} \, \delta\varphi_{II} = p_H^{III} \, \delta\varphi_{III}, \tag{b}$$

und aus (15.8a), d. h., aus

$$P_1 p_1 \, \delta\varphi_I \sin\beta_1 - P_2 p_2^{II'} \, \delta\varphi_{II'} \sin\beta_2 + P_3 p_3 \, \delta\varphi_{III} \sin\beta_3 -$$
$$- S(p_G^I \delta\varphi_I \sin\alpha_l - p_K^{II} \, \delta\varphi_{II} \sin\alpha_r) = 0$$

(Vorzeichen beachten!) wird

$$\left[P_1 p_1 \sin\beta_1 - P_2 p_2^{II'} \frac{p_G^I}{p_G^{II'}} \sin\beta_2 + P_3 p_3 \frac{p_H^{II}}{p_H^{III}} \frac{p_2^{II'}}{p_2^{II}} \frac{p_G^I}{p_G^{II'}} \sin\beta_3 - \right.$$
$$\left. - S \left(p_G^I \sin\alpha_l - p_K^{II} \frac{p_2^{II'}}{p_2^{II}} \frac{p_G^I}{p_G^{II'}} \sin\alpha_r \right) \right] \delta\varphi_I = 0. \tag{c}$$

Indem man die Strecken und Winkel abliest, erhält man die Koeffizienten, und damit für S eine Gleichung vom Typ

$$S \zeta_s = P_1 \zeta_1 + P_2 \zeta_2 + P_3 \zeta_3. \tag{c'}$$

γ) Die *Gelenkkraft*, d. h. ihre beiden Komponenten G_x und G_z, erhält man nach Fig. 15/9', indem man das Gebilde bei G ganz trennt.

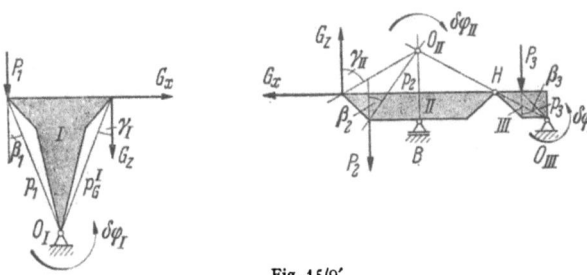

Fig. 15/9'

Beide Teile zusammen haben jetzt *zwei* Freiheitsgrade der Bewegung, d. h., $\delta\varphi_I$ und (z. B.) $\delta\varphi_{II}$ sind unabhängig voneinander. Man bekommt daher für die Bestimmung von G_x, G_z zwei Gleichungen:

Bewegung des linken Körpers
$$P_1 \, \delta z_1 + G_z \, \delta z_G^{(l)} + G_x \, \delta x_G^{(l)} = 0,$$
Bewegung des rechten Körpers
$$P_2 \, \delta z_2 + P_3 \, \delta z_3 - G_z \, \delta z_G^{(r)} - G_x \, \delta x_G^{(r)} = 0$$
$$\tag{15.9a}$$

(alle Verschiebungen nach unten und nach rechts positiv gezählt), mit

$$\left.\begin{array}{l} \delta z_1 = p_1 \sin\beta_1 \, \delta\varphi_\mathrm{I}, \qquad \delta z_G^{(l)} = -p_G^\mathrm{I} \sin\gamma_\mathrm{I} \, \delta\varphi_\mathrm{I}, \\ \delta x_G^{(l)} = -p_G^\mathrm{I} \cos\gamma_\mathrm{I} \, \delta\varphi_\mathrm{I} \\[4pt] \text{und} \\ \delta z_2 = -p_2 \sin\beta_2 \, \delta\varphi_{\mathrm{II}}, \qquad \delta z_3 = p_3 \sin\beta_3 \, \delta\varphi_{\mathrm{III}}, \\ \delta z_G^{(r)} = -p_G^{\mathrm{II}} \sin\gamma_{\mathrm{II}} \, \delta\varphi_{\mathrm{II}}, \qquad \delta x_G^{(r)} = -p_G^{\mathrm{II}} \cos\gamma_{\mathrm{II}} \, \delta\varphi_{\mathrm{II}}. \\[4pt] \text{Da zwischen } \delta\varphi_{\mathrm{III}} \text{ und } \delta\varphi_{\mathrm{II}} \text{ die Beziehung} \\ p_H^{\mathrm{III}} \, \delta\varphi_{\mathrm{III}} = p_H^{\mathrm{II}} \, \delta\varphi_{\mathrm{II}} \end{array}\right\} \quad (b)$$

besteht, lauten die endgültigen Gleichungen

$$G_z p_G^\mathrm{I} \sin\gamma_\mathrm{I} + G_x p_G^\mathrm{I} \cos\gamma_\mathrm{I} = P_1 p_1 \sin\beta_1,$$

$$G_z p_G^{\mathrm{II}} \sin\gamma_{\mathrm{II}} + G_x p_G^{\mathrm{II}} \cos\gamma_{\mathrm{II}} = P_2 p_2 \sin\beta_2 - P_3 \frac{p_H^{\mathrm{II}}}{p_H^{\mathrm{III}}} p_3 \sin\beta_3.$$

Nennerdeterminante ist

$$p_G^\mathrm{I} p_G^{\mathrm{II}} (\sin\gamma_\mathrm{I} \cos\gamma_{\mathrm{II}} - \sin\gamma_{\mathrm{II}} \cos\gamma_\mathrm{I}) = p_G^\mathrm{I} p_G^{\mathrm{II}} \sin(\gamma_\mathrm{I} - \gamma_{\mathrm{II}}).$$

Sie ist von Null verschieden, denn $\gamma_\mathrm{I} = \gamma_{\mathrm{II}}$ würde bedeuten, daß in der ungetrennten Fig. 15/9 O_{II} (das hier durch die Richtung von B festgelegt wird) G und O_I auf einer Geraden lägen; d. h., $\gamma_\mathrm{I} = \gamma_{\mathrm{II}}$ wäre der unter a) ausdrücklich ausgeschlossene Fall der wackeligen Lagerung.

Statt rechnerisch ließe sich unser Beispiel natürlich auch graphisch behandeln (Verfahren der „geklappten Geschwindigkeiten"). Wir gehen darauf nicht ein, denn es kommt uns hier darauf an, den Sinn des Arbeitssatzes herauszuarbeiten: daß man mit seiner Hilfe auch in vielgliedrigen Gebilden jede Kraftgröße einzeln (d. h. ohne Auflösung linearer Gleichungssysteme) bestimmen kann.

g) Zur Bezeichnung. — Der Arbeitssatz in drei Dimensionen.

Was wir hier kurz „Arbeitssatz" genannt haben, führt in der klassischen Mechanik die voluminösere Bezeichnung

„Prinzip der virtuellen Verrückungen":

„Verrückung" dient als das allgemeine Wort für Verschiebung oder Drehung.

„Virtuell": Mit diesem (leider) viel gebrauchten Wort sollen hier drei Eigenschaften ausgedrückt werden:

1. Die Verrückung ist eine gedachte, keine wirkliche Bewegung.
2. Sie ist „klein", d. h., die Kräftekonstellation wird durch die Bewegung nicht geändert.
3. Die Gesamtheit der Bewegungen ist mit den geometrischen Bedingungen verträglich (Starrheit des Körpers, unverschiebliches Lager usw.).

„Prinzip": Anstelle der Gleichgewichtsforderung wird an den Anfang (principium) der Mechanik die Forderung $\delta A = 0$ gestellt; die Gleichungen $\sum X = 0$, $\sum Y = 0$, $\sum M = 0$ folgen aus $\delta A = 0$, wenn man der Reihe nach Verrückungen δx, δy, $\delta \varphi$ vornimmt.
Dasselbe gilt natürlich in drei Dimensionen. Die Bedingung

geht für
$$\delta A = \sum \mathfrak{K} \cdot \delta \mathfrak{s} = 0$$

$$\delta \mathfrak{s} = \mathfrak{i} \, \delta x \quad \text{über in} \quad \sum X = 0,$$

$$\delta \mathfrak{s} = \mathfrak{j} \, \delta y \quad \text{über in} \quad \sum Y = 0,$$

$$\delta \mathfrak{s} = \mathfrak{k} \, \delta z \quad \text{über in} \quad \sum Z = 0,$$

und ebenso folgen die drei Momentensätze aus

$$\delta A = \sum \widehat{\mathfrak{K} \cdot \delta \mathfrak{v}} = 0,$$

wenn man als Drehachsen der Reihe nach x, y, z wählt; d. h., über das Arbeitsprodukt δA sind den sechs Bewegungsmöglichkeiten des starren Körpers im Raum die sechs Gleichgewichtsbedingungen zugeordnet.

Die Benutzung des „Prinzips" ist immer dann vorteilhaft, wenn es einfacher ist, geometrische Aussagen zu machen als statische, insbesondere also dann, wenn man zur Formulierung der Gleichgewichtsaussagen sehr oft schneiden muß: Die Schnittkräfte (außerdem nichtgesuchte Lagerkräfte usw.) muß man ja aus einer Kette von Gleichungen erst wieder eliminieren. Die relative Geschmeidigkeit des Momentensatzes erscheint im Lichte des Prinzips als die Folge der Tatsache, daß man den gedachten Drehpunkt geschickt wählen kann. Die Beispiele e) und f) zeigen aber, daß auch der Momentensatz, der ja nur für *einen*, nicht für eine Kette von starren Körpern dasselbe ergibt wie $\delta A = 0$, noch recht ungeschmeidig ist.

§ 16. Stabiles und labiles Gleichgewicht

a) **Das Stabilitätskriterium; zwei Beispiele.** In Fig. 16/1 sind 3×3 Systeme in der Gleichgewichtslage und in der um eine Linksdrehung „ausgelenkten" Lage dargestellt. [Die Gebilde α) und γ)

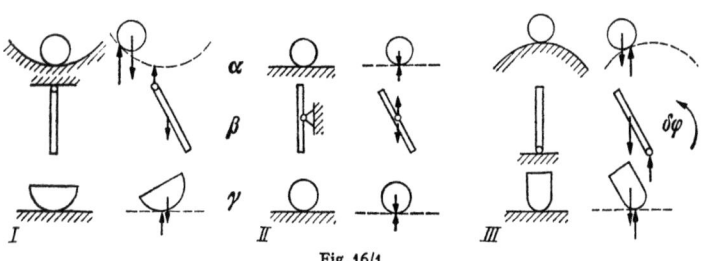

Fig. 16/1

sollen *rollen.*] Die drei Gebilde *I* sind im stabilen Gleichgewicht: Das Moment δM aus Gewicht und Stützkraft versucht zurück zu drehen. Die drei Gebilde *III* sind labil: δM dreht weiter. Die Gebilde *II* sind im indifferenten Gleichgewicht: $\delta M = 0$.

Die Stabilitätsfrage wird also entschieden durch das *Vorzeichen* des Produkts $\delta M\, \delta \varphi$, d. h. eines Ausdrucks von der Dimension einer Arbeit. Die mathematisch einfachste Form nimmt dieses *Arbeitskriterium* an, wenn wir die von Gewichten bei einer kleinen Verrückung geleisteten Arbeiten betrachten. Und zwar ist es mit Rücksicht auf die später zu betrachtenden Stabilitätsprobleme verformbarer Körper zweckmäßig, nicht die von Gewichten geleistete *Arbeit A*, sondern die Änderung der potentiellen *Energie $\Pi = -A$* ins Auge zu fassen:

In den Beispielen *I* wird der Schwerpunkt, d. h. das Gewicht *G* bei der Auslenkung, angehoben, die potentielle Energie (Lagenenergie) nimmt zu. In den Beispielen *II* bewegt sich der Schwerpunkt nicht, oder nur in waagerechter Richtung — die Energie Π bleibt unverändert. In den Beispielen *III* senkt sich der Schwerpunkt, die Energie Π nimmt ab. Bezeichnen wir — anders als im vorigen Paragraphen — die **nach oben positiv** gerechnete Bewegung des Gewichts mit Δz ($G\, \Delta z > 0$ bedeutet dann eine Zunahme der potentiellen Energie), so lautet das Energiekriterium

$$\Delta \Pi \equiv G\, \Delta z > 0, \qquad \Delta \Pi \equiv G\, \Delta z = 0, \qquad \Delta \Pi \equiv G\, \Delta z < 0. \qquad (16.1)$$

      stabil   indifferent   labil

Wir haben Δz, $\Delta \Pi$ geschrieben, nicht δz, $\delta \Pi$, um anzudeuten, daß die Bewegung jetzt nicht mehr „unendlich" klein sein soll. Denn bei einer Bewegung δz wird *keine* Arbeit geleistet, da sich *G* „zunächst" waagerecht bewegt:

$$G\, \delta z \equiv \delta \Pi = 0.$$

Die Entscheidung über die Stabilität fällt erst, wenn wir feststellen, was bei einer nicht mehr unendlich kleinen Verrückung aus der Gleichgewichtslage passiert.

Mathematisch wird die Frage, welches Vorzeichen Δz in „zweiter Näherung" hat, beantwortet mit Hilfe des TAYLORschen Satzes. Es ist

$$z - z_0 \equiv \Delta z = z_0'\, \delta \varphi + \tfrac{1}{2} z_0''\, (\delta \varphi)^2 + \cdots, \qquad (16.2)$$

wenn wir z als Funktion von φ auffassen und eine kleine Verrückung $\delta \varphi$ aus der Gleichgewichtslage z_0 vornehmen.

Da $\delta z \equiv z_0'\, \delta \varphi$ wegen $z_0' = 0$ verschwindet, ist

$$\Delta z = \tfrac{1}{2} z_0''\, (\delta \varphi)^2 \quad \text{und daher} \quad \mathrm{sign}\, \Delta z = \mathrm{sign}\, z_0''; \qquad (16.2')$$

§ 16. Stabiles und labiles Gleichgewicht

d. h., Δz hat das Vorzeichen der *zweiten* Ableitung der Funktion $z = z(\varphi)$ [positiv für das (stabile) Minimum, negativ für das (labile) Maximum des Schwerpunktweges].

Als *erstes Beispiel* betrachten wir das aus zwei einander stützenden glatten Stangen und aus zwei Gewichten P, Q bestehende Gebilde Fig. 16/2.

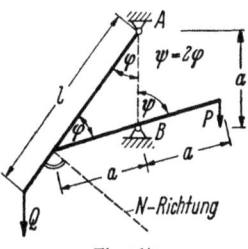

Fig. 16/2

Zur Vereinfachung der geometrischen Beziehungen wählen wir den Lagerhöhenunterschied h gleich der halben Länge* der Stange „$2a$". Die Gleichgewichtsüberlegung ist nicht schwierig. Als Unbekannte führen wir ein: Die Druckkraft N zwischen den Stangen (die auf der linken Stange senkrecht steht) und den Winkel φ der linken Stange gegen die Vertikale (durch den alle anderen Winkel festgelegt werden – das System hat einen Freiheitsgrad der Bewegung). Die Unbekannten ergeben sich aus den beiden Hebelsätzen. Da N mit der rechten Stange den Winkel $90 - \varphi$ bildet, lautet der Hebelsatz für diese Stange:

$$a N \cos\varphi = a P \sin 2\varphi;$$

für die linke Stange gilt

$$2a N \cos\varphi = l Q \sin\varphi,$$

und daraus folgt für die Gleichgewichtslage $\varphi = \varphi_0$:

$$\cos\varphi_0 = \frac{lQ}{4aP}. \tag{16.3}$$

Über die Stabilität kann die Gleichgewichtsüberlegung keine Auskunft geben. Wir greifen daher auf den Arbeitssatz zurück, wobei sich zeigt, daß wir auch das Ergebnis (16.3) auf diesem Wege noch einfacher erhalten.

Wir zählen z nach oben, für jedes Gewicht von „seinem" Drehpunkt aus;

$$z_Q = -l\cos\varphi, \quad z_P = +a\cos 2\varphi. \tag{16.4b}$$

Eine kleine Änderung $\delta\varphi$ des Winkels φ bewirkt Änderungen

$$\delta z_Q = +l\sin\varphi\,\delta\varphi, \quad \delta z_P = -2a\sin 2\varphi\,\delta\varphi,$$

und aus

$$\delta\Pi \equiv Q\,\delta z_Q + P\,\delta z_P = 0 \tag{a}$$

folgt daher

$$(Q l \sin\varphi - P \, 2a \sin 2\varphi)\,\delta\varphi = 0, \tag{c}$$

d. h.,

$$\sin\varphi(lQ - 4aP\cos\varphi) = 0.$$

---

* Für $h \neq a$, $\psi \neq 2\varphi$ verläuft die Rechnung genauso, aber die Formeln werden unübersichtlicher.

Es gibt also zwei Gleichgewichtslagen

$$\varphi = 0 \quad \text{und} \quad \varphi = \varphi_0 \quad \text{mit} \quad \cos\varphi_0 = \frac{lQ}{4aP} \equiv \frac{1}{\lambda}, \qquad (16.3')$$

von denen die zweite natürlich nur für $4aP > lQ$, d. h. $\lambda > 1$, möglich ist (λ nennen wir den charakteristischen Parameter).
Die Stabilitätsfrage beantwortet

$$\Delta\Pi = Q\,\Delta z_Q + P\,\Delta z_P \gtreqless 0. \qquad (16.5a)$$

Nach (16.2') und (16.4b) ist

$$\Delta z_Q = +\tfrac{1}{2}l\cos\varphi(\delta\varphi)^2, \quad \Delta z_P = -\tfrac{1}{2}4a\cos 2\varphi(\delta\varphi)^2, \qquad (b)$$

und daher wird

$$\Delta\Pi = \tfrac{1}{2}(\delta\varphi)^2\,[lQ\cos\varphi - 4aP\cos 2\varphi]$$
$$= \tfrac{1}{2}(\delta\varphi)^2\,lQ\,[\cos\varphi - \lambda\cos 2\varphi]. \qquad (c)$$

Das Vorzeichen der Klammer hängt ab vom Gewichts- und Längenverhältnis. Für

$$\lambda < 1$$

gibt es nach (16.3') nur die eine Gleichgewichtslage $\varphi = 0$, und für diesen Wert wird die Klammer positiv: Bei überwiegender Belastung der Stange „l" stellt sich *stabil* die vertikale Lage beider Stangen ein.

Für

$$\lambda > 1$$

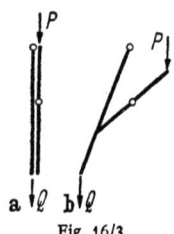

Fig. 16/3

gibt es nach (16.4c) zwei Gleichgewichtslagen. Die Lage $\varphi = 0$ ist *labil*, denn für $\lambda > 1$ wird die Klammer negativ. Die Lage $\varphi = \varphi_0$ ist *stabil*, denn nach (16.4c) wird die Klammer proportional

$$\cos\varphi_0\cos\varphi_0 - (\cos^2\varphi_0 - \sin^2\varphi_0) = \sin^2\varphi_0 > 0. \qquad (16.5')$$

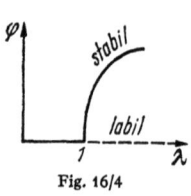

Fig. 16/4

Das Ergebnis unserer Rechnung ist nachträglich unmittelbar einleuchtend: Läßt man P in Fig. 16/3a von kleinen Werten ausgehend zunehmen, so wird irgendwann die „triviale" Gleichgewichtslage (beide Gewichte übereinander) instabil; für $\lambda > 1$ schlägt das Gebilde aus und nimmt — nun wieder stabil — die Gleichgewichtslage Fig. 16/3b (= Fig. 16/2) ein [$\varphi(\lambda)$ in Fig. 16/4].

Als *zweites Beispiel* betrachten wir den auf der Kuppe eines großen Zylinders balancierenden kleinen Halbzylinder. Die Zylinder seien rauh; der kleine Zylinder kann nur rollen, nicht gleiten. Die Stabilität der in Fig. 16/5 gezeichneten Gleichgewichtslage hängt davon ab, ob der

§ 16. Stabiles und labiles Gleichgewicht

Schwerpunkt S sich bei der Rolldrehung hebt oder senkt:

$$G \Delta z \gtreqless 0. \tag{16.6a}$$

Nach Fig. 16/5' ist die Schwerpunktkoordinate

$$z = (r_0 + r) \cos \varphi - s \cos(\varphi + \psi).$$

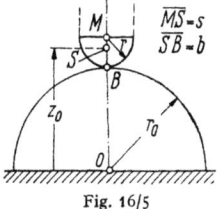
Fig. 16/5

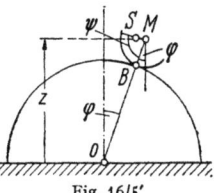
Fig. 16/5'

φ und ψ hängen miteinander zusammen über die Rollbedingung

$$r_0 \varphi = r \psi,$$

so daß sich ergibt

$$z \equiv z(\varphi) = (r_0 + r) \cos \varphi - s \cos \left(1 + \frac{r_0}{r}\right) \varphi. \tag{b}$$

$\delta \Pi = G \cdot \delta z = G z' \delta \varphi = 0$ liefert die Gleichgewichtslage $\varphi = 0$. Die Stabilitätsfrage wird entschieden durch das Vorzeichen von $\Delta \Pi = \frac{1}{2} G z''(\delta \varphi)^2$, d. h. durch das Vorzeichen von

$$z'' = \left[-(r_0 + r) \cos \varphi + s \left(1 + \frac{r_0}{r}\right)^2 \cos \left(1 + \frac{r_0}{r}\right) \varphi\right]. \tag{c}$$

Die Lage $\varphi = 0$ ist also stabil für

$$s \left(1 + \frac{r_0}{r}\right)^2 > (r_0 + r) \quad \text{oder} \quad \frac{s}{r}\left(1 + \frac{r_0}{r}\right) > 1,$$

d. h.

$$\frac{r_0}{r} > \frac{b}{s} \quad \text{mit} \quad b = r - s. \tag{16.6'}$$

Für den Halbzylinder ist

$$s = \frac{4}{3\pi} r.$$

Stabilität fordert also

$$\frac{r_0}{r} > \frac{3\pi - 4}{4} = 1{,}36.$$

Für die Halbkugel ist $s = \frac{3}{8} r$; Stabilitätsbedingung ist daher

$$\frac{r_0}{r} > \frac{5}{3} = 1{,}67.$$

Das Ergebnis (16.6') gilt, da man die Berührungskurven (bzw. Flächen) innerhalb der für die Stabilität maßgebenden „zweiten Näherung" durch die Berührkreise (bzw. -kugeln) ersetzen kann, für zwei beliebige einander berührende Flächen, wenn man für r und r_0 die Krümmungsradien einsetzt.

Interessant sind die Grenzfälle $r = \infty$ (der auf dem Zylinder wippende Balken) und $r_0 = \infty$ (das Stehaufmännchen auf ebenem Boden). Der erste Fall ergibt sich unmittelbar aus (16.6') mit $\frac{r}{s} = \frac{r}{r-b} = 1$: Die Höhe des Schwerpunkts über dem Berührungspunkt darf nicht größer sein als r_0. Für den zweiten Fall schreibt man (16.6') in der Form

$$\frac{s}{b} > \frac{r}{r_0}; \qquad (16.6'')$$

da die rechte Seite für $r_0 = \infty$ verschwindet, gilt: Für S unter M ($s > 0$) besteht Stabilität, für S über M ($s < 0$) Instabilität — wie Fig. 16/1 γ andeutet.

Die Ausgangsgleichung (16.6b) gilt (wie sich der Leser überlegen möge) genau so für den im untersten Punkt eines *Hohl-*Zylinders befindlichen Rollkörper; man hat nur r_0 durch $-|r_0|$ zu ersetzen. Statt (16.6c) kommt dann

$$z'' = s\left(1 - \frac{|r_0|}{r}\right)^2 - (r - |r_0|);$$

da $|r_0| > r$ sein muß, schreibt man besser

$$z'' = (|r_0| - r) + \frac{s}{r^2}(|r_0| - r)^2.$$

Für positive s (S unter M) ist dieser Ausdruck immer positiv, für negative s (S über M) nur solange

$$r^2 > |s|(|r_0| - r)$$

ist. Mit $b = r + |s|$ kann man diesem Kriterium auch die Form

$$\frac{r}{|r_0|} > \frac{|s|}{b}$$

geben, das, wie es sein muß, aus (16.6'') unmittelbar hervorgeht, wenn man dort r_0 durch $-|r_0|$, s durch $-|s|$ ersetzt.

b) Das indifferente Gleichgewicht; zwei Beispiele. Wenn ein System bei einer *endlichen* Bewegung lauter Gleichgewichtszustände durchlaufen soll, muß das Gleichgewicht indifferent sein. Wir betrachten zwei Beispiele.

1. Ein homogener Stab stütze sich mit dem oberen Ende gegen die glatte Wand $x = 0$ (Fig. 16/6): Auf welcher (glatten) Kurve $y(x)$

§ 16. Stabiles und labiles Gleichgewicht

muß sich das untere Ende bewegen, wenn er ständig im Gleichgewicht sein soll? Man kann die Aufgabe α) statisch und β) energetisch lösen.

α) Wenn Gleichgewicht herrschen soll, müssen die drei Kräfte G, A, B durch einen Punkt gehen, d. h., es muß sein

$$\tan \varphi = \frac{x/2}{\sqrt{l^2 - x^2}}.$$

Da A senkrecht steht auf $y(x)$, ist $\tan \varphi = \tan \varphi^* \equiv y'$, d. h., es gilt

$$y = \int \frac{x\, dx}{2\sqrt{l^2 - x^2}} = C - \frac{1}{2}\sqrt{l^2 - x^2}.$$

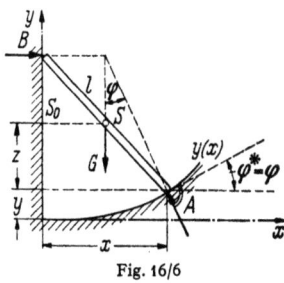

Fig. 16/6

Die Integrationskonstante C ergibt sich aus $y(0) = 0$ zu $l/2$, d. h., als Gleichung der Kurve finden wir

$$(l - 2y)^2 = l^2 - x^2,$$

oder mit $\frac{l}{2} - y = z$,

$$x^2 + (2z)^2 = l^2, \quad \text{d. h.,} \quad \frac{x^2}{l^2} + \frac{z^2}{(l/2)^2} = 1. \tag{16.7}$$

Die gesuchte Kurve ist also eine Ellipse mit den Halbachsen l und $l/2$. Ihr Mittelpunkt ist der Punkt S_0.

β) Wenn ständig Gleichgewicht herrschen soll, muß, da A und B, die auf der Bewegungsrichtung senkrecht stehen, keine Arbeit leisten, auch $G \Delta z = 0$ sein. Das bedeutet: Der Schwerpunkt muß sich auf einer Waagerechten bewegen. Daraus aber folgt sofort

$$\left(\frac{x}{2}\right)^2 + z^2 = \left(\frac{l}{2}\right)^2. \tag{16.7'}$$

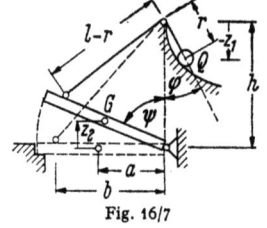

Fig. 16/7

2. Das Balancegewicht Q in Fig. 16/7 soll sich auf einer solchen Stützkurve $r(\varphi)$ bewegen, daß die Zugbrücke (Gewicht G) in jeder Lage im Gleichgewicht gehalten wird ($r = 0$ für die Nullage der Brücke). Die Indifferenzforderung lautet $\Delta \Pi \equiv 0$, d. h.

$$Q z_1 + G z_2 = 0. \tag{16.8a}$$

Aus der Figur ergeben sich die Schwerpunktsbewegungen z_1 und z_2, wenn wir das Gewicht Q und die Umlenkrolle als punktförmig betrachten, zu:

$$z_1 = -r \cos \varphi, \quad z_2 = +a \cos \psi.$$

Nach dem cos-Satz ist ferner

$$2b\, h \cos \psi = b^2 + h^2 - (l - r)^2 = l^2 - (l - r)^2 = r(2l - r).$$

(b)

Aus (16.8a) und (b) folgt
$$Q\, r \cos\varphi = G\, a\, r\, \frac{2l - r}{2b\, h},$$

d. h., für die gesuchte Kurve erhält man in Polarkoordinaten die Gleichung

mit
$$r = 2l\left(1 - \frac{1}{\gamma}\cos\varphi\right) \quad \text{oder} \quad \cos\varphi = \frac{2l - r}{2l}\gamma$$
$$\gamma = \frac{G}{Q}\,\frac{a\,l}{b\,h}. \tag{c}$$

Wie zu erwarten, gibt es nicht für jedes Q/G eine reelle Stützkurve: Es muß $\gamma \leq 1$ sein. Der Verlauf der Stützkurve ist in Fig. 16/7 angedeutet; in dem Sonderfall $\gamma = 1$ beginnt sie mit vertikaler Tangente ($\varphi = 0$ für $r = 0$), und in der Endlage ($r = l$) bildet das Seil mit der Vertikalen einen Winkel von 60°.

Aufgaben zu F

1. Man löse Aufgabe B 11 mit dem Arbeitssatz.

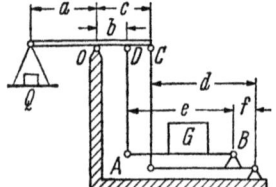

2. Eine Waage soll so gebaut werden, daß die Anzeige Q unabhängig ist von der Stelle, an der das Gewicht auf der Lastbrücke AB liegt.
a) In welchem Verhältnis müssen die Abmessungen b, c, d und f stehen?
b) Wie groß muß bei diesem Verhältnis das Gewicht Q sein, um die Last G ins Gleichgewicht zu setzen?
Lösung:

$$\text{a)}\ \frac{b}{c} = \frac{f}{d}; \quad \text{b)}\ Q = \frac{b}{a}G.$$

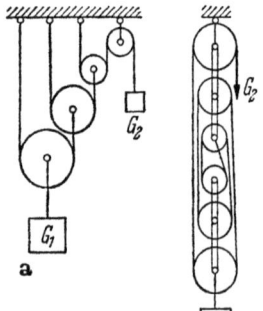

3. Man berechne mit dem Arbeitssatz das Verhältnis $\dfrac{G_1}{G_2}$, für das Gleichgewicht herrscht.
Lösung:

$$\text{a)}\ \frac{G_1}{G_2} = 8;$$

$$\text{b)}\ \frac{G_1}{G_2} = 6.$$

4. Welche Beziehung muß zwischen den Kräften P und Q bestehen, damit sich das hier gezeichnete Gelenkwerk im Gleichgewicht befindet?

Lösung: $Q = 2P$.

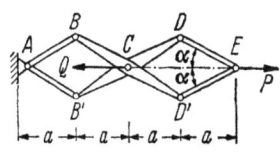

5. Man löse Aufgabe C 7 mit dem Arbeitssatz.

6. Man bestimme die horizontale Lagerreaktion des Dreigelenkbogens mit dem Arbeitssatz.

Lösung:
$$H = \frac{1}{8}\frac{l}{f}P.$$

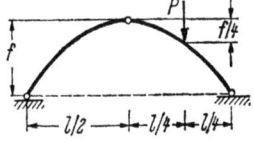

7. Im skizzierten Tragwerk bestimme man die beiden Stabkräfte S_1 und S_2 mit dem Arbeitssatz.

Lösung:
$$S_1 = 6q_0 a, \quad S_2 = -9q_0 a.$$

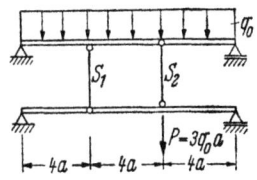

8. Eine glatte Stange, die an ihrem Ende ein Gewicht G trägt, stützt sich gegen eine glatte Wand und eine Ecke.

In welcher Lage herrscht Gleichgewicht; ist dieses Gleichgewicht stabil?

Lösung:
$$\cos\varphi = \sqrt[3]{\frac{a}{l}},$$

$\Delta\Pi < 0 \div$ labil.

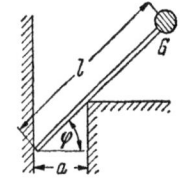

9. Ein Stabdreieck trägt zwei Gewichte $2G$ und G. Zwei Eckpunkte des Dreiecks können sich auf einem Kreis reibungsfrei bewegen.

a) Für welche Winkel α herrscht Gleichgewicht?
b) Man diskutiere die Stabilität der Gleichgewichtslagen.

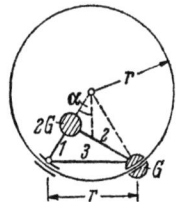

Lösung:
 a) $\alpha_1 = 30°$,
  $\alpha_2 = 210°$;
 b) α_1: stabil,
  α_2: labil.

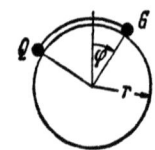

10. Zwei Körper (Gewicht Q, G) liegen auf einem glatten Kreiszylinder (Radius r). Die gewichtslose kreisbogenförmige Verbindungsstange hat die Länge $L = r\pi/2$.

Für welchen Winkel φ herrscht Gleichgewicht? Ist das Gleichgewicht stabil?

Lösung:
$$\tan\varphi = \frac{Q}{G}, \quad \Delta\Pi < 0 : \text{labil}.$$

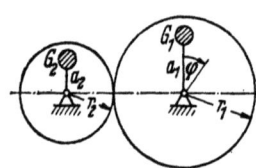

11. Zwei Zahnräder $\left(\text{Radien } r_1, r_2 = \frac{r_1}{2}\right)$ mit je einem exzentrisch angebrachten Gewicht G_1, G_2 (Exzentrizitäten a, b) werden so montiert, daß beide Gewichte zunächst über den Lagern stehen. Die beiden Zahnräder können sich in ihren Lagern reibungsfrei drehen.

a) Für welche Winkel φ sind Gleichgewichtslagen möglich?
b) Sind die Gleichgewichtslagen stabil?

Lösung:

a) 1. $\varphi = n\pi$; $n = 0, 1, 2, \ldots$, ($G_1 a_1/G_2 a_2$ beliebig)

2. $\cos\varphi = -\dfrac{a_1}{4a_2}\dfrac{G_1}{G_2}$ ($G_1 a_1 < 4 G_2 a_2$);

b) 1. $\varphi = 2n\pi : \Delta\Pi < 0$, labil

$\varphi = (2n+1)\pi : \Delta\Pi \gtreqless 0$ $\begin{array}{l}\text{stabil}\\\text{indifferent}\\\text{labil}\end{array}$ ($G_1 a_1 \gtreqless 4 G_2 a_2$)

2. $\Delta\Pi > 0$, stabil (wenn existent).

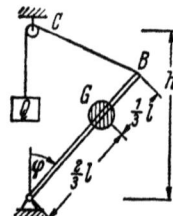

12. Ein gewichtsloser Stab trägt einen Körper (Gewicht G). Der Stab ist unten frei drehbar gelagert und wird bei B durch ein Seil gehalten. Ein Klotz (Gewicht Q) spannt das Seil, das bei C durch eine kleine Rolle ($\varnothing \ll h, l$) reibungsfrei umgelenkt wird.

Welche Arten von Gleichgewichtslagen sind möglich?

Lösung:

1. $\varphi_1 = 0 : \dfrac{h}{h-l} \gtreqless \dfrac{2}{3}\dfrac{G}{Q} : \Delta\Pi \gtreqless 0$ $\begin{array}{l}\text{stabil}\\\text{indifferent}\\\text{labil}\end{array}$

2. $\varphi_2 = \pi : \dfrac{h}{h+l} \gtreqless \dfrac{2}{3}\dfrac{G}{Q} : \Delta\Pi \gtreqless 0$ $\begin{array}{l}\text{labil}\\\text{indifferent}\\\text{stabil}\end{array}$

3. $\cos\varphi_3$
$= \dfrac{1}{2}\left[\dfrac{l}{h} + \dfrac{h}{l}\left[1 - \dfrac{9}{4}\left(\dfrac{Q}{G}\right)^2\right]\right] : \Delta\Pi < 0$, labil.

G. Haftung und Reibung

§ 17. Haftung und Reibung; ebene Unterlage

Obwohl alle Bewegungsvorgänge mit Reibung verbunden sind, obwohl in der Statik Haftreibung, oder, wie wir kürzer sagen wollen, Haftung niemals fehlt, behandeln wir die damit verbundenen Kräfte als eine Art Anhang. Das hat zwei triftige Gründe: Diese Kräfte sind oft so klein, daß sie für eine erste Rechnung wegbleiben können, *und* sie sind zahlenmäßig nur sehr ungefähr angebbar. Historisch hat die Reibung die Erarbeitung des Kraftbegriffs und insbesondere die Entdeckung der „lex secunda" (NEWTONS: Kraft = Masse mal Beschleunigung) jahrhundertelang verhindert. Erst als GALILEI* durch seine Fallversuche gezeigt hatte, daß man von der Reibung, dieser täglichen Erfahrung, „absehen" müsse, konnte eine rationale Mechanik entstehen.

Haftung und Reibung werden traditionsgemäß gemeinsam behandelt, ja sogar durch ein und dasselbe Wort „Reibung" bezeichnet: Durch die Vorsilben Haft- und Gleit- unterscheidet man die Reibung der Ruhe von der Reibung der Bewegung. Wir sagen statt Haftreibung lieber Haftung — nicht nur, weil das Wort aus „haften" genauso logisch entsteht wie Reibung aus „reiben", sondern weil die zu den beiden Phänomenen gehörigen Kräfte, trotz einer gewissen physikalischen Gemeinsamkeit, mechanisch wesensverschieden sind.

1. Gleich unser *erstes Beispiel* macht das deutlich: Solange der Körper Fig. 17/1 unter der Einwirkung einer Kraft in Ruhe bleibt, gelten für ihn die drei Gleichungen der Statik

$$H = K, \quad N = G, \quad aG = hK, \quad (17.1\text{a})$$

Fig. 17/1

aus denen insbesondere H, die Haftungskraft, eindeutig folgt. Das neue physikalische Gesetz kommt erst ins Spiel, wenn wir fragen, ob das Ergebnis auch gilt, d. h., ob die Unterlage die Kraft H wirklich aufbringt. Die Erfahrung lehrt, daß sie das nur tut, solange H dem Betrage nach kleiner ist als eine Grenzkraft,

$$|H| < H_0, \qquad (\text{b})$$

wobei das Experiment zeigt (COULOMB 1784), daß H_0 durch den Normaldruck N und den Haftungskoeffizienten μ_0 bestimmt ist:

$$H_0 = \mu_0 N. \qquad (\text{c})$$

---
* GALILEO GALILEI, 1564—1642; ISAAC NEWTON, 1643—1727.

Es ist also H eine *geometrische* Reaktionskraft (notwendig, um die geometrische Bedingung des Kontakts zwischen Körper und Unterlage zu sichern), deren Betrag *nachträglich* verglichen wird mit einer Grenzkraft H_0. — Natürlich kann man auch danach fragen, wie groß K höchstens sein darf, wenn der Körper haften soll; aus der ersten Gl. (17.1a) folgt mit (b) und (c):

$$K < \mu_0 G. \qquad \text{(a, b, c)}$$

Ganz anders gestaltet sich die Rechnung für die Reibung. Wenn $H > H_0$ ist, so sind die Gln. (17.1a) falsch: Die Voraussetzung, die Unterlage könne die Kraft H ($= K$) aufbringen, ist nicht erfüllt. Was geschieht jetzt? Die Kraft K setzt den Körper in Bewegung (sie „beschleunigt" ihn), wobei zwischen Körper und Unterlage eine Reibungskraft R wirksam wird, die die Bewegung verzögert: Es gilt die NEWTONsche Aussage

Masse mal Beschleunigung = Summe der Kräfte,

hier

$$m b = K - R. \qquad \text{(d)}$$

Diese Gleichung dient zur Bestimmung von b. Für R muß (wie vorher für die Grenzkraft H_0) ein durch physikalische Beobachtung gewonnener Ausdruck eingesetzt werden. Wieder nach COULOMB pflegt man für die „trockene" Reibung anzusetzen

$$|R| = \mu N, \qquad \text{(e)}$$

wobei der Reibungskoeffizient μ etwas kleiner ist als μ_0 in Gl. (c). Gl. (e) bestimmt den Betrag von R. Die Richtung hängt vom Geschwindigkeitszustand ab: R ist der relativen Geschwindigkeit entgegengerichtet. Dieses doppelte physikalische Gesetz (wie genau auch immer — in Wirklichkeit hängt $|R|$ auch vom Betrag der Relativgeschwindigkeit ab) legt R fest. Wegen $N = G$ folgt aus (d) und (e)

$$m b = K - \mu G, \qquad \text{(d, e)}$$

also keine Ungleichung für K, sondern eine Gleichung zur Bestimmung von b.

In der Physik nennt man die Reibungskraft (um sie von den Kräften vom Typ H scharf zu unterscheiden) eine „eingeprägte Kraft" — wie K, Gewicht G usw.* Die Tatsache, daß H und R wesensverschieden sind,

---

* Die Wortwahl ist nicht glücklich: K, G usw. werden eingeprägt, unabhängig davon, wie der Körper sich bewegt; R hängt vom Bewegungszustand ab, ist also in diesem Sinne nicht „eingeprägt". R könnte man, im Gegensatz zur geometrischen Reaktionskraft H — Gl. (a) —, eine physikalische Reaktionskraft — Gl. (e) — nennen. Aber natürlich folgen wir dem Sprachgebrauch.

§ 17. Haftung und Reibung; ebene Unterlage

ist der Hauptgrund für die hier benutzten Worte

Haftung und Reibung.

Wir betrachten eine Reihe von weiteren Beispielen.

2. Schiefe Ebene. Die Gleichgewichtsforderung $\sum X, \sum Y = 0$ für den Körper Fig. 17/2 lautet (x-Richtung in der schiefen Ebene)

$$H = G \sin\alpha, \quad N = G \cos\alpha. \tag{17.2a}$$

(Die Forderung $\sum M = 0$ legt, wie im vorigen Beispiel, nur die Wirkungslinie der Normaldruckresultierenden fest. Solange die Strecke a nicht interessiert, kann man $\sum M$ außer Betracht lassen.) Wieder lautet die Frage: Ist dieses Gleichgewicht möglich? Antwort: Wir vergleichen H mit H_0:

$$|H| \overset{?}{<} H_0 = \mu_0 N. \tag{b, c}$$

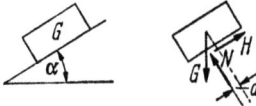

Fig. 17/2

Setzt man (17.2a) in (b, c) ein, so folgt: Es herrscht Gleichgewicht, solange

$$G \sin\alpha = H < H_0 = \mu_0 N = \mu_0 G \cos\alpha,$$

d. h. solange

$$\tan\alpha < \mu_0 \tag{a, b, c}$$

ist. Die Form dieser Gleichung legt es nahe, anstelle des Haftungs-*Koeffizienten* μ_0 einen Haftungs-*Winkel* ϱ_0 einzuführen durch die Definition

$$\tan\varrho_0 \equiv \mu_0. \tag{17.2'}$$

Aus den beiden letzten Gleichungen folgt: Gleichgewicht herrscht für

$$\alpha < \varrho_0.$$

Wieder kann man fragen, was für $\alpha > \varrho_0$ passiert. Man erhält

$$m\,b = G \sin\alpha - R, \quad N = G \cos\alpha, \tag{d}$$

mit

$$R = \mu N, \tag{e}$$

und kann daher $m\,b$ ausrechnen:

$$m\,b = G(\sin\alpha - \mu \cos\alpha).$$

Führt man darin

$$\mu \equiv \tan\varrho$$

ein, so erhält man

$$m\,b = \frac{G}{\cos\varrho}(\sin\alpha \cos\varrho - \sin\varrho \cos\alpha) = \frac{G}{\cos\varrho}\sin(\alpha - \varrho), \tag{d, e}$$

für kleine Reibung ($\cos\varrho \approx 1$) also: $m\,b \approx G \sin(\alpha - \varrho)$.

3. *Schiefe Ebene; zusätzliche Kraft K*. Wenn auf den Körper zusätzlich eine Kraft K wirkt (der Einfachheit halber in Richtung α, Fig. 17/3), so lauten die Gleichgewichtsaussagen

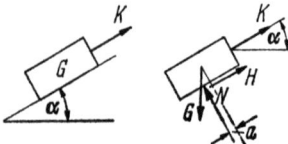

Fig. 17/3

$$H = G \sin\alpha - K, \quad N = G \cos\alpha, \qquad (17.3\,\text{a})$$

wobei H diesmal nicht positiv zu sein braucht im Sinne des eingezeichneten Pfeiles. Aus

$$|H| < \mu_0 N \qquad (\text{b, c})$$

ergeben sich jetzt zwei Werte für K; es muß sein

$$G \sin\alpha - K < \mu_0 G \cos\alpha \quad (H \text{ nach oben gerichtet}),$$

oder

$$K - G \sin\alpha < \mu_0 G \cos\alpha \quad (H \text{ nach unten gerichtet}).$$

Aus der ersten Ungleichung folgt

$$K > G \sin\alpha - \mu_0 G \cos\alpha,$$

aus der zweiten

$$K < G \sin\alpha + \mu_0 G \cos\alpha,$$

so daß also gilt:

$$G(\sin\alpha - \mu_0 \cos\alpha) < K < G(\sin\alpha + \mu_0 \cos\alpha),$$

oder

$$\frac{G}{\cos\varrho_0} \sin(\alpha - \varrho_0) < K < \frac{G}{\cos\varrho_0} \sin(\alpha + \varrho_0). \qquad (\text{a, b, c})$$

Für $\alpha < \varrho_0$ kann K auch negativ sein.

Bleibt K nicht in den Grenzen (a, b, c), so tritt wieder Rutschen ein, entweder nach unten:

$$m b_1 \downarrow = G \sin\alpha - R - K = \frac{G}{\cos\varrho} \sin(\alpha - \varrho) - K,$$

oder nach oben:

$$m b_2 \uparrow = K - G \sin\alpha - R = K - \frac{G}{\cos\varrho} \sin(\alpha + \varrho); \qquad (\text{d, e})$$

denn es ist $|R| = (G \cos\alpha) \tan\varrho$, und beide Male wirkt R der Bewegung entgegen.

4. Auf der *an die Wand gelehnten Leiter*, Fig. 17/4a, befindet sich ein Mann vom Gewicht Q — bleibt die Leiter stehen? Wir nehmen zunächst an, die Wand sei glatt, der Boden rauh; dann stellen sich die in Fig. 17/4b gezeichneten Kräfte ein: Die drei Kräfte 𝔄, 𝔅, 𝔇 müssen durch einen Punkt gehen. 𝔄 setzt sich zusammen aus der vertikalen Auflagerkraft A und der Haftungskraft H. Nach der Figur ist

$$\frac{H}{A} = \tan\psi = \frac{a}{h}. \qquad (17.4\,\text{a})$$

§ 17. Haftung und Reibung; ebene Unterlage

Für die Standsicherheit ergibt sich damit die Bedingung

$$|H| = A \tan\psi < H_0 = A \tan\varrho_0, \qquad \text{(b, c)}$$

d. h.

$$\psi < \varrho_0. \qquad \text{(a, b, c)}$$

Man macht sich dieses Ergebnis am besten anschaulich, indem man von A aus den ,,Haftungskeil" (im Raum wäre es ein Haftungs-,,Kegel") mit dem Öffnungswinkel $2\varrho_0$ einzeichnet (Fig. 17/4c). Solange der

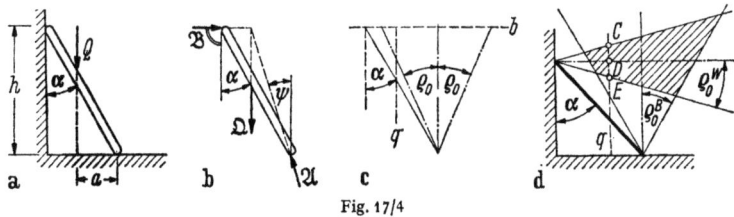

Fig. 17/4

Schnittpunkt der Wirkungslinien q und b ins Innere des Keiles fällt, ist Gleichgewicht möglich. Volle Standsicherheit wird erreicht für $\varrho_0 \geqq \alpha$ — dann kann q mit der Wand zusammenfallen.

Wenn auch die Wand rauh ist, wird das Problem statisch unbestimmt — eine eindeutige Bestimmung der *vier* Auflagerkräfte ist nicht möglich. Trotzdem beantwortet Fig. 17/4d in einfachster Weise die Frage nach der Standsicherheit: Gleichgewicht ist möglich, wenn q durch das schraffierte Gebiet läuft. Dabei bleibt offen, welche Gleichgewichtslage zwischen C und E sich einstellt: Was wirklich eintritt, könnte nur eine die *Deformation* von Wand, Stab und Boden berücksichtigende Theorie entscheiden. (Eine solche Theorie würde zeigen, daß — was unmittelbar anschaulich ist — Gleichgewichtslagen nur zwischen C und D möglich sind; Wandhaftung nach oben gerichtet.)

5. An dem *Quader* Fig. 17/5 greife eine Kraft K an. Rutscht er, oder kippt er?

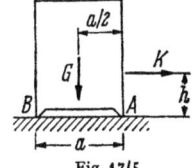

Fig. 17/5

Für hinreichend kleines K bleibt der Körper stehen. *Kippen* tritt ein, wenn der Auflagerdruck

$$B = 0$$

wird, d. h. für

$$hK = \frac{a}{2}G, \quad \text{oder} \quad \frac{K}{G} = \frac{a/2}{h}. \qquad (17.5\text{a})$$

Rutschen tritt ein für

$$K = H \geqq H_0; \qquad \text{(b)}$$

H_0 hängt von dem Haftungsvermögen der beiden Auflagerstellen ab. Sind A, B die Auflagerkräfte, $\mu_{A,B}$ die zugehörigen Haftungskoeffi-

zienten, so ist
$$H_0 = \mu_A A + \mu_B B.$$ (c)

In dem Sonderfall
$$\mu_A = \mu_B \equiv \mu_0$$

(wenn Genaueres über die Hafteigenschaften nicht bekannt ist, wird man mit dieser einfachen Annahme arbeiten), folgt aus Gl. (c),

$$H_0 = \mu_0 G,$$

und die Bedingung für Rutschen lautet daher

$$\frac{K}{G} > \mu_0.$$ (b, c)

Was eintritt, Kippen oder Rutschen, hängt ab vom Verhältnis der rechten Seiten in den Gln. (17.5a), (b, c); es entsteht (K hinreichend groß)

Kippen für $\quad \dfrac{K}{G} > \dfrac{a/2}{h}; \quad \dfrac{K}{G} < \mu_0,\quad$ d. h. für $\quad \dfrac{a/2}{h} < \mu_0,$

Rutschen für $\quad \dfrac{K}{G} > \mu_0; \quad \dfrac{K}{G} < \dfrac{a/2}{h},\quad$ d. h. für $\quad \dfrac{a/2}{h} > \mu_0.$

6. Fig. 17/6 zeigt, daß *Haften* auch *bei Bewegungsvorgängen*, vor allem bei „rollenden" Rädern, wesentlich sein kann. Wird das Vorderrad (Fig. 17/6c) durch eine Kraft P angetrieben, so setzt nicht P,

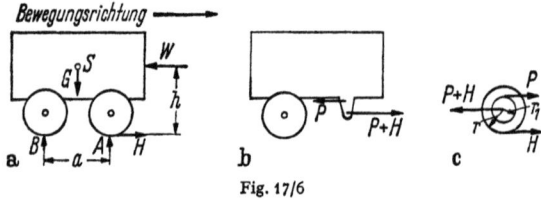

Fig. 17/6

das ja eine *innere* Kraft ist, den Wagen in Bewegung, sondern H, die Haftungskraft zwischen Rad und Unterlage. Aus $\sum M = 0$ für das Rad (dessen Drehträgheit wir vernachlässigen) folgt H, wenn P gegeben ist:

$$H = \frac{r_1}{r} P.$$ (17.6a′)

Auf den Wagen wirken $\overleftarrow{P}$ und $\overrightarrow{P + H}$, d. h., es ist (W = Luftwiderstand):

$$m b = H - W.$$

Der Antrieb gelingt nur für

$$|H| < H_0 = \mu_0 N.$$ (b, c)

§ 17. Haftung und Reibung; ebene Unterlage

N ($= A$ oder B) hängt davon ab, welches Rad angetrieben wird. Aus $\sum Y$ und $\sum M^S = 0$ für den Wagen folgt (S sitze in der Mitte zwischen den Rädern):

$$A = \frac{G}{2} - \frac{h}{a} H, \quad B = \frac{G}{2} + \frac{h}{a} H. \qquad (17.6\text{a}'')$$

Hinterradantrieb ist für die Beschleunigung besser; denn es ist $B > A$, und daher kann $|H|$ größere Werte annehmen. Umgekehrt ist für wirksames Bremsen das Vorderrad geeigneter: Ein nach hinten wirkendes H macht $A > B$. Natürlich darf B nicht negativ werden: Daß das Fahrzeug sich überschlägt, ist nicht das Ziel des Bremsvorgangs.

Für beide Vorgänge ist es günstig, dem „aktiven" Rad möglichst viel Gewicht anzuvertrauen, d. h. den Wagenschwerpunkt an das Treib- bzw. Bremsrad heranzurücken — wobei beim Bremsen natürlich die Gefahr des Überschlagens erhöht wird.

Die Fragestellungen bis hierher betrafen ebene Kräftegruppen. Wir wollen nun noch zwei — sehr einfache — räumliche Probleme erörtern.

7. *Kraft quer zur schiefen Ebene*. Ein Klotz liegt auf einer schiefen Ebene Fig. 17/7. Wir fragen nach der Grenzkraft P_{gr} quer zur schiefen Ebene, die den Klotz gerade noch nicht bewegt. Der unter dem Ein-

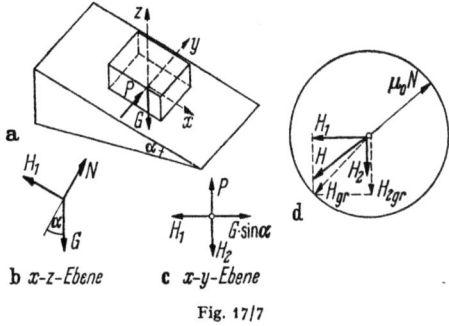

Fig. 17/7

fluß der eingeprägten Kräfte G und P stehende (punktförmige) Klotz wird durch drei Stützkräfte gehalten: N, H_1, H_2; das System ist also statisch bestimmt, und aus den Nebenfiguren 17/7b, c folgt

$$N = G \cos\alpha, \quad H_1 = G \sin\alpha, \quad H_2 = P. \qquad (17.7\text{a})$$

Die *Grenz*-Kraft P_{gr} ergibt sich aus der Bedingung

$$|\mathfrak{H}| = \mu_0 N, \qquad (\text{b, c})$$

wobei $\mathfrak{H}$ die vektorielle Summe ist aus den beiden Haftungskräften

$$\mathfrak{H} = H_1 \mathbf{i} + H_2 \mathbf{j}.$$

Wenn μ_0 in allen Richtungen gleich ist, veranschaulicht Fig. 17/7d den Gang der Überlegung: Wir zeichnen einen Kreis mit dem Radius $\mu_0 N$; es besteht so lange Gleichgewicht, als die Kraft

$$H = \sqrt{H_1^2 + H_2^2}$$

noch *in* den Kreis fällt. Grenzwert H_{2gr} ist

$$H_{2gr} = \sqrt{(\mu_0 N)^2 - H_1^2}$$

(in der Figur gestrichelt), d. h., es ergibt sich

$$P_{gr} = G \cos \alpha \sqrt{\tan^2 \varrho_0 - \tan^2 \alpha}. \tag{d}$$

Für $\varrho_0 > \alpha$ ist $P_{gr} > 0$. Überschreitet P den Grenzwert P_{gr}, so bewegt sich der Klotz in Richtung der Resultierenden aus P und $G \sin \alpha$, wobei eine Reibungskraft $\mu G \cos \alpha$ (der Geschwindigkeit entgegengerichtet) die Bewegung verzögert.

Für $\varrho_0 = \alpha$, erst recht für $\varrho_0 < \alpha$ ist $P_{gr} = 0$. Anders ausgedrückt: Der gleitende Klotz ($\varrho < \alpha$) folgt senkrecht zur Bewegungsrichtung, trotz Rauhigkeit, jeder noch so kleinen Kraft. Das gilt für bewegte Körper allgemein. (Technisches Beispiel: das Rüttelsieb, wo die Querbewegung die Reibung „verbraucht", so daß das Schüttgut abwärts gleitet, trotz $\varrho_0 > \alpha$.)

8. *Die Schraube.* a) *Die flachgängige Schraube.* Der Schraubenbolzen Fig. 17/8a soll im Gleichgewicht sein. Die an jeder Stelle zwischen Bolzen und Mutter entstehenden Normalkräfte dN, ebenso die Haftungskräfte dH, wirken parallel, so daß wir sie zu Gesamtkräften N und H zusammenfassen können. Dann fordert das Gleichgewicht der Kräfte in der Vertikalen

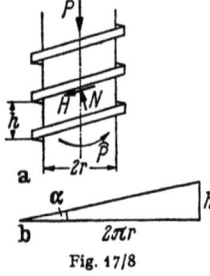

Fig. 17/8

$$\left. \begin{array}{r} P = N \cos \alpha - H \sin \alpha, \\ \text{der Drehkräfte um die Vertikale} \\ \widehat{P} = r N \sin \alpha + r H \cos \alpha \end{array} \right\} \tag{17.8a}$$

— die vier anderen Gleichgewichtsbedingungen sind aus Symmetriegründen erfüllt. Aus (17.8a) folgt

$$\left. \begin{array}{l} N = P \cos \alpha + \dfrac{\widehat{P}}{r} \sin \alpha, \\ H = -P \sin \alpha + \dfrac{\widehat{P}}{r} \cos \alpha. \end{array} \right\} \tag{a'}$$

Zwei Folgerungen lassen sich an diese Gleichungen anknüpfen:
 α) Die Schraube bewegt sich *nicht*, solange

$$|H| < \mu_0 N, \tag{b, c}$$

§ 17. Haftung und Reibung; ebene Unterlage

d. h. solange

$$\left| P \sin\alpha - \frac{\widehat{P}}{r} \cos\alpha \right| < \mu_0 \left(P \cos\alpha + \frac{\widehat{P}}{r} \sin\alpha \right)$$

ist. Sie ist insbesondere „selbstsperrend" (d. h. im Gleichgewicht trotz $\widehat{P} = 0$) für

$$P \sin\alpha < \mu_0 P \cos\alpha,$$

d. h. für

$$\alpha < \varrho_0. \qquad \text{(a, b, c)}$$

β) Die zur Hebung der Last P erforderliche Drehkraft $\widehat{P}$ ergibt sich (da wir die Trägheit des Schraubenbolzens vernachlässigen können) aus (17.8a). Beim Übergang zur Bewegung tritt an die Stelle der Haftungskraft H die Reibungskraft

$$R = \mu N, \qquad \text{(e)}$$

und aus (17.8a) wird

$$P = N(\cos\alpha - \mu \sin\alpha) = \frac{N}{\cos\varrho} \cos(\alpha + \varrho),$$

$$\widehat{P} = r N(\sin\alpha + \mu \cos\alpha) = \frac{r N}{\cos\varrho} \sin(\alpha + \varrho),$$

d. h., wir erhalten

$$\widehat{P} = r P \tan(\alpha + \varrho). \qquad \text{(d, e)}$$

Als *Wirkungsgrad* η des Wagenhebers bezeichnet man das Verhältnis von gewonnener zu aufgewendeter Arbeit: Für eine volle Umdrehung der Schraube beträgt die Hebearbeit (Gewinn an potentieller Energie)

$$P \cdot h,$$

oder nach Fig. 17/8b

$$P \cdot 2\pi r \tan\alpha.$$

Aufgewendete Arbeit ist Drehkraft mal Winkel, d. h.

$$\widehat{P} \cdot 2\pi.$$

Es ist daher

$$\eta = \frac{P r \tan\alpha}{\widehat{P}},$$

und mit (d, e)

$$\eta = \frac{\tan\alpha}{\tan(\alpha + \varrho)}. \qquad \text{(f)}$$

Wenn die Schraube selbstsperrend sein soll (Wagenheber), muß $\varrho > \alpha$ sein, d. h., für den Wirkungsgrad gilt dann

$$\eta < \frac{\tan\alpha}{\tan 2\alpha} = \frac{1}{2}(1 - \tan^2\alpha) < \frac{1}{2}.$$

b) Bei der *scharfgängigen Schraube* Fig. 17/9 ist die Normalkraft N gegenüber dem N in Fig. 17/8 noch einmal um den Winkel β, den halben Flankenwinkel, geneigt. Da die Komponente $N \sin \beta$ in keine der beiden Gleichgewichtsaussagen (17.8a) eingeht, ändert sich an diesen Gleichungen nur eines: An die Stelle von N tritt $N \cos \beta$, d. h., es wird jetzt

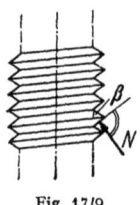

Fig. 17/9

$$N = \frac{1}{\cos\beta}\left(P\cos\alpha + \frac{\widehat{P}}{r}\sin\alpha\right),$$
$$H = -P\sin\alpha + \frac{\widehat{P}}{r}\cos\alpha.$$
(17.9a)

Da die Haftbedingung (17.8 b, c) bestehen bleibt, ergibt sich als Bedingung für die Selbstsperrung

$$\tan\alpha < \frac{\mu_0}{\cos\beta}.$$ (a, b, c)

Definieren wir einen fiktiven Haftungswinkel $\varrho_0' > \varrho_0$ durch

$$\tan\varrho_0' \equiv \frac{\mu_0}{\cos\beta},$$

so gilt

$$\alpha < \varrho_0'$$

für die Selbstsperrung.

Für die Hebebewegung erhalten wir entsprechend

$$\widehat{P} = P r \tan(\alpha + \varrho')$$ (d, e)

[mit (Definition) $\tan\varrho' \equiv \mu/\cos\beta$] und für den Wirkungsgrad daher

$$\eta = \frac{\tan\alpha}{\tan(\alpha + \varrho')}.$$ (f)

Das Verhalten der scharfgängigen Schraube ist also einfach das einer flachgängigen von größerer Rauhigkeit.

§ 18. Seilhaftung und Seilreibung

1. Wenn ein *Seil* um einen rauhen Pfahl geschlungen wird, kann man bekanntlich (Schiffslände) mit einer kleinen Kraft S_1 einer großen Kraft S_2 das Gleichgewicht halten.

Um das Gesetz zu bestimmen, nach dem die Seilkraft S sich als Funktion der Bogenlänge s ändert, betrachten wir das „Element" Fig. 18/1 b.

$$\sum X \text{ fordert:} \quad S\cos\frac{d\varphi}{2} - (S+dS)\cos\frac{d\varphi}{2} + dH = 0.$$

$$\sum Y \text{ fordert:} \quad S\sin\frac{d\varphi}{2} + (S+dS)\sin\frac{d\varphi}{2} - dN = 0.$$

§ 18. Seilhaftung und Seilreibung

Für den „unendlich kleinen" Winkel $d\varphi$ ist $\cos\frac{d\varphi}{2} \approx 1$, $\sin\frac{d\varphi}{2} \approx \frac{d\varphi}{2}$, und $dS\,d\frac{\varphi}{2}$ fällt als „von höherer Ordnung" weg; es bleibt:

$$dH = dS, \quad dN = S\,d\varphi. \tag{18.1a}$$

Das sind zwei Gleichungen für drei Unbekannte: H, N und S. Das Seilproblem ist also statisch unbestimmt, und wir können nur die *Grenz*-Kräfte ausrechnen, unter denen Rutschen eintritt bzw. gerade noch nicht eintritt.

Wir denken uns S_2 gegeben und fragen nach demjenigen S_1, das minimal (oder maximal) aufgebracht werden muß (oder darf), um Gleichgewicht zu halten. Das *Minimal*-Verhältnis S_1/S_2 erhalten wir, wenn wir annehmen, daß dH in Richtung S_1 wirkt und daß die Haftungsmöglichkeit voll ausgenutzt wird:

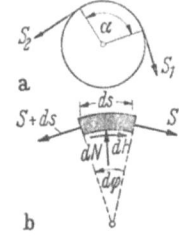

Fig. 18/1

$$dH \equiv |dH| = dH_0 \equiv \mu_0\,dN. \tag{b, c}$$

Es ist dann

$$dS = \mu_0\,dN = \mu_0\,S\,d\varphi, \tag{a, b, c}$$

und diese Differentialgleichung hat, wie man nachprüft, die Lösung

$$S = S_1\,e^{\mu_0\,\varphi}. \tag{18.2}$$

S_1 ist darin die Integrationskonstante, die sich aus der Bedingung $S(0) = S_1$ ergibt.

Für $\varphi = \alpha$ nimmt S den Wert S_2 an: $S_{1\min}$ ergibt sich aus

$$S_2 = S_1\,e^{\mu_0\,\alpha},$$

d. h. aus

$$S_1 = S_2\,e^{-\mu_0\,\alpha}.$$

Das *Maximal*-Verhältnis zwischen S_1 und S_2 ergibt sich für nach links wirkendes H; wir setzen an:

$$dH \equiv -|dH| = -dH_0 = -\mu_0\,dN,$$

daraus folgt

$$S_2 = S_1\,e^{-\mu_0\,\alpha},$$

d. h.

$$S_1 = S_2\,e^{\mu_0\,\alpha}.$$

Bei gegebenem S_2 besteht also Gleichgewicht, solange S_1 sich zwischen zwei Grenzen befindet:

$$S_2\,e^{-\mu_0\,\alpha} < S_1 < S_2\,e^{\mu_0\,\alpha}. \tag{18.3}$$

Im Beispiel der Schiffslände ist natürlich nur die untere Schranke von Interesse. Für einen Umschlingungswinkel von $\alpha = 2n\pi$ und einen Haftungskoeffizienten von (z. B.) $0{,}3 \approx 1/\pi$ ist

$$e^{-\mu_0\,2n\pi} \approx e^{-2n} = \frac{1}{(7{,}5)^n},$$

was für $n = 3$ schon unter $^1/_{400}$ liegt; es ist daher verständlich, daß die Kraft S_2 abgefangen werden kann praktisch für $S_1 = 0$, da ja

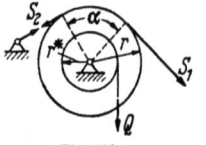

Fig. 18/2

unsere Theorie idealisierende Voraussetzungen macht, von denen die Wirklichkeit abweicht (Einklemmen des Seilendes oder dgl.).

2. Ein anderes *Beispiel* zur *Seilhaftung* ist in Fig. 18/2 dargestellt: Eine Trommel vom Radius r, die sich unter der Wirkung eines Moments $r^* Q$ drehen würde, soll durch Seilhaftung festgehalten werden. Wie groß muß S_1 mindestens sein? Das Momentengleichgewicht fordert

$$r^* Q = r(S_2 - S_1) = r S_1 \left(\frac{S_2}{S_1} - 1\right). \tag{18.4a}$$

Die Klammer wird am größten, wenn wir uns an der Grenze der Haftung befinden, d. h. für

$$\frac{S_2}{S_1} = e^{\mu_0 \alpha}. \tag{b, c}$$

Das minimal aufzubringende S_1 folgt daher aus

$$S_{1\min} (e^{\mu_0 \alpha} - 1) = Q \frac{r^*}{r}. \tag{a, b, c}$$

3. Wird, wie Fig. 18/3 andeutet, das *Rad eines Wagens* durch *Seilreibung* gebremst, so gelten die folgenden Beziehungen: Am Fixpunkt F wirkt die Seilkraft $S_2 = e^{\alpha \mu} S_1$, das Bremsmoment ist daher

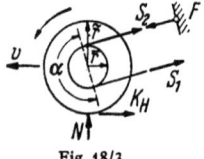

Fig. 18/3

$$M_{br} = \tilde{r} S_2 - \tilde{r} S_1 = \tilde{r} S_1 (e^{\mu \alpha} - 1)$$

(in der Figur ist $\alpha = \pi$). Kann das Rad, verglichen mit dem Wagen, als masselos angesehen werden, so fordert der Momentensatz

$$\tilde{r} K_H = M_{br},$$

d. h., die Haftungskraft K_H zwischen Rad und Boden, die den Wagen bremst $[-m b = K_H]$, wird

$$K_H = \frac{\tilde{r}}{\tilde{r}} S_1 (e^{\mu \alpha} - 1) < \mu_0^B N, \tag{18.5}$$

wobei das $<$-Zeichen daran erinnert, daß der Boden (Haftungskoeffizient μ_0^B) diese Kraft auch hergeben muß. Macht man S_1 zu groß (d. h. wird K_H rechnerisch $> \mu_0^B N$), so wird das Rad blockiert; zwischen Seil und Rad herrscht Haftung, zwischen Rad und Boden Reibung $K_R = \mu^B N$. Aus $\tilde{r} K_R = \tilde{r}(S_2 - S_1)$ errechnet sich diesmal S_2:

$$S_2 = S_1 + \frac{r}{\tilde{r}} \mu^B N < S_1 e^{\mu_0 \alpha}. \tag{18.5'}$$

Es gilt entweder (18.5) oder (18.5'). Da $\mu_0 \approx \mu$ ist, erreicht man die größte Bremskraft K, wenn man das Rad blockiert $[K_{H\max} \approx K_R$

$= \mu^B N$]. Aber das Rutschen bedeutet, daß man die Herrschaft über den Wagen verliert: Es steht für eine Seitwärtsbewegung keinerlei (Boden-) Kraft zur Verfügung, und deshalb gilt die Regel, daß man das Blockieren der Räder vermeiden muß.

Aufgaben zu G

1. Um eine Walze (Gewicht G) ist ein Faden geschlungen, an dem ein Gewicht Q hängt.
a) Wie groß muß Q gewählt werden, damit die Walze in der Stellung α auf der Kreisbahn $S - S$ liegenbleibt?
b) Wie groß muß für diese Lage der Haftungskoeffizient mindestens sein?
Lösung:

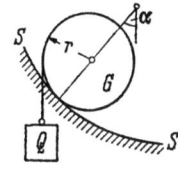

a) $Q = \dfrac{\sin\alpha}{1-\sin\alpha} G$,

b) $\mu_0 \geqq \tan\alpha$.

2. Auf einer Stange kann eine Schelle gleiten, die an einem Hebelarm die Last P trägt.
Wie lang muß der Hebel mindestens sein, damit die Schelle nicht abrutscht?

Gegeben: Haftungskoeffizient μ_0
(graphische Lösung).
Lösung:

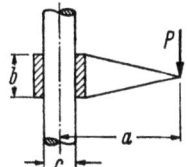

$$a = \frac{b}{2\mu_0}.$$

3. Zwei (gewichtslose) Klemmbacken K_1, K_2, die bei A_1 und A_2 drehbar gelagert sind, halten einen vertikal bei B und C reibungsfrei geführten Stab vom Gewicht G. Die Mittelpunkte M_1 und M_2 der Backenkrümmungskreise (Radien r) liegen im Abstand a vertikal über A_1 und A_2.
a) Wie groß muß der Haftungskoeffizient zwischen Stab und Backen mindestens sein, damit der Stab nicht durchrutscht?
b) Wie groß sind die Lagerreaktionen in A_1 und A_2?
Lösung:

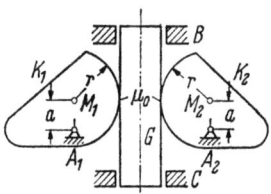

a) $\mu_0 \geqq \dfrac{a}{r}$,

b) $A_1 = A_2 = A = \dfrac{G}{2a}\sqrt{r^2 + a^2}$.

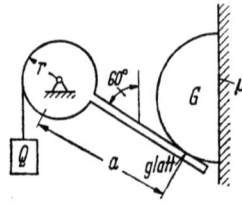

4. Eine Halbkugel vom Gewicht G wird durch einen gewichtslosen glatten Hebel an eine rauhe Wand (Haftungskoeffizient μ_0) gedrückt. Der Hebel soll durch eine Last Q im Gleichgewicht gehalten werden.

In welchem Bereich muß der Wert Q liegen?

Lösung:

$$Q \gtreqless \frac{2a}{r} \frac{G}{\sqrt{3} \pm \mu_0}.$$

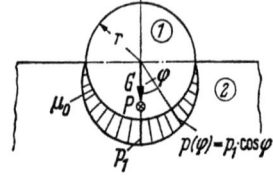

5. Der Zylinder ① vom Gewicht G (Radius r) ruht, wie gezeichnet, in einem rauhen Lagerblock ②. Es wird angenommen, daß sich die Pressung $p(\varphi)$ zwischen den beiden Körpern cosinusförmig verteilt.

a) Man beweise, daß unter dieser Annahme der Scheitelwert der verteilten Last (in kp/cm) den Wert $p_1 = 2G : r\pi$ hat.

b) Wie groß darf eine am Zylinder angreifende — zur Zylinderachse parallele — Kraft P (s. die Skizze) höchstens sein, wenn keine Bewegung eintreten soll? Der Koeffizient der Haftung zwischen den beiden Körpern sei μ_0.

Lösung:

b) $P \leq \dfrac{4\mu_0}{\pi} G.$

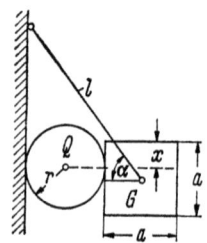

6. Ein Würfel (Gewicht G, Kantenlänge a) ist drehbar auf einer horizontalen Achse gelagert, die mit zwei Fäden (Länge l) an einer vertikalen Wand befestigt ist. Zwischen Würfel und Wand haftet eine Walze (Gewicht Q, Radius r). Gesucht ist *die* Gleichgewichtslage des Systems, bei der zwei Seitenflächen des Würfels parallel zur Wand sind.

a) Wie groß muß dabei der überall gleiche Haftungskoeffizient μ_0 zwischen den Körpern und der Wand mindestens sein, und

b) an welcher Stelle x muß die Walze den Würfel berühren, damit der Würfel in dieser Lage hängt?

$$G = \frac{3}{2}Q, \quad l = 5 \cdot r, \quad r = \frac{a}{2}.$$

Lösung:

a) $\mu_0 > \dfrac{1}{3},$ b) $x = \dfrac{a}{3}.$

7. Zwischen welchen Grenzen G_{min} und G_{max} darf der Wert des Gewichts G liegen, wenn sich die durch das undehnbare Seil S verbundenen Körper G und Q nicht bewegen sollen? Das Verbindungsseil sei über eine Rolle mit glattem Zapfen geführt. Der Haftungskoeffizient μ_0, das Gewicht Q und der Neigungswinkel α der schiefen Ebene seien bekannt.

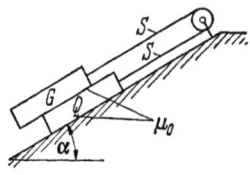

Lösung:
$$G_{\substack{max \\ min}} = Q\,\frac{\sin\alpha \pm \mu_0 \cos\alpha}{\sin\alpha \mp 3\mu_0 \cos\alpha}.$$

8. Auf einem horizontalen rauhen Boden (Haftungskoeffizient μ_0) liegt eine Walze (Gewicht G, Radius r) so, daß sie die vertikale ebenfalls rauhe Wand (Haftungskoeffizient μ_0) berührt. Um die Walze ist ein Seil gelegt, an dessen freiem Ende ein Gewicht Q hängt.

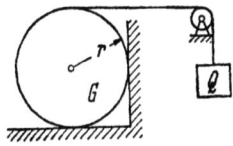

Wie groß darf Q maximal werden, wenn sich die Walze *nicht* drehen soll?

Lösung:
$$Q \leq G\,\frac{(1+\mu_0)\,\mu_0}{1-\mu_0+2\mu_0^2}.$$

9. Über zwei feststehende Walzen wird in der skizzierten Weise ein Seil geschlungen, an dem die Gewichte G und $10G$ hängen.

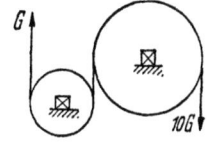

Wie groß muß die Haftungszahl zwischen Seil und Walzen sein, damit Gleichgewicht besteht?

Lösung: $\mu_0 \geq 0{,}367$.

10. Über zwei rauhe Bolzen C und D liegt ein Seil (Haftungskoeffizient μ_0), das einen homogenen Balken AB (Gewicht G, Länge l) in horizontaler Lage hält. Auf den Balken wirkt außerdem eine Last P.

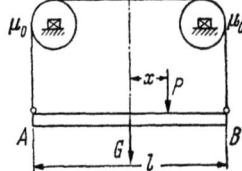

Bei welchem Abstand x dieser Last von der Symmetrielinie beginnt das Seil zu rutschen?

Lösung:
$$x = \frac{G+P}{2P}\,\frac{e^{\mu_0 \pi}-1}{e^{\mu_0 \pi}+1}\,l.$$

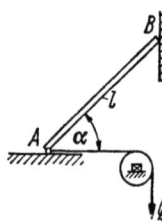

11. Ein homogener Stab AB (Gewicht G, Länge l) stützt sich an zwei glatte Ebenen. In A ist ein Seil befestigt, das über eine feste rauhe Scheibe (Haftungskoeffizient μ_0) läuft und am Ende mit dem Gewicht Q gespannt ist.

a) Zwischen welchen Grenzen kann der Winkel α für Gleichgewicht schwanken?

b) Wie groß sind die Auflagerkräfte in A und B?

Lösung:

a) $\cot\alpha \lesseqgtr \dfrac{2Q}{G} e^{\pm \mu_0 \frac{\pi}{2}}$,

b) $A = G$, $B = Q\, e^{\pm \mu_0 \frac{\pi}{2}}$.

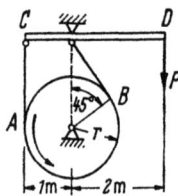

12. Eine rotierende Scheibe vom Radius $r = 1$ m wird durch ein Band gebremst.

Wie groß ist das Bremsmoment, das durch die am Hebel CD angreifende Kraft P aufgebracht wird? (Reibungskoeffizient μ.)

$P = 7$ kp; $\mu = 0{,}254$.

Lösung:

$$M_B = 2Pr\left(1 - e^{-\mu \frac{5}{4}\pi}\right) = 8{,}83 \text{ mkp}.$$

Sachverzeichnis

Arbeit 93 ff.
Arbeitssatz 93 ff.
ARCHIMEDES 11, 17, 95

Balken 34, 62 ff.
—, Mehrgelenk- 41
BERNOULLI 64
Bogen 78 ff.
—, Dreigelenk- 39, 80 ff.
—, Kreis- 84
—, Parabel- 85
—, Zweigelenk- 39, 78

COULOMB 113
CREMONA-Plan 48 ff.
CULMANN 38

Einspannung 35
Energie 93 ff.
—, potentielle 104 ff.

Fachwerk 47 ff., 98 ff.
—, ebenes 47 ff., 51
—, Parallel- 55
Flächenmittelpunkt 27
Flaschenzug 96
FÖPPL 70
Formänderung 3
Freiheitsgrad 10, 101 ff.

GALILEI 113
Gelenk 39 ff., 71 ff.
—-kraft 40, 101
Gewicht 2
—, spezifisches 27
Gleichgewicht 4 ff., 10 ff., 16 ff., 20 ff., 95 ff.
—, indifferentes 103, 108 ff.
—, labiles 103 ff.
—, stabiles 103 ff.

Haftung 113 ff.
—, Seil- 122 ff.
Haftungskeil 117

Haftungskoeffizient 113
Haftungswinkel 115, 122
Hebel 12, 14, 95
—-arm 11, 21
—-satz 10 ff., 14, 95
HENNEBERG 52

Kettenlinie 90
Knoten 8 ff., 48
—-punktverfahren 48
Kraft 2 ff.
—, Auflager- 34 ff., 39 ff.
—, äußere 2
—, Dreh- 15 ff., 19, 21 ff., 62, 96
—, Druck- 21
—-eck 5, 18 ff.
—, Einzel- 4
—, Fern- 2
—, Gegen- 2, 9
—, Haftungs- 113
—, Halte- 5 ff., 10, 13 ff.
—, innere 34, 48, 62
—-komponente 6 ff., 11 ff.
—, Längs- 65, 78
—, Nah- 2
—, Normal- 5
—, Quer- 56 ff., 62 ff.
—, Reibungs- 114
—-richtung 3, 5, 13
—, Schnitt- 66, 81
—, Schub- 57
—, Seil- 5 ff.
—, Stab- 47 ff., 100
—, Stütz- 34 ff., 40
—-vektor 3 ff.
—, Zug- 49 ff.
Kräfte-paar 14 ff., 21
—-plan 4 ff., 17, 38
—-polygon 4

Lageenergie 104
Lageplan 5, 8, 17
Lager 14, 24, 34

Sachverzeichnis

Lager, Gelenk- 35
—, Gleit- 35
—, Rollen- 34
—, Wälz- 34

Mehrgelenkträger 39
Moment der Kraft 10ff., 15ff., 21, 54
— des Kräftepaars 16, 22
—, Biege- 66
—, Flächen- 26
Momenten-bezugspunkt 12
— -komponente 21
— -linie 53ff., 66ff.
— -satz 10ff., 50ff.
— -vektor 22

Neutrale Faser 64ff.
NEWTON 113ff.

Parallelogramm der Kräfte 4ff.
Pendelstütze 34
Pol des Kraftecks 19, 40, 79ff.
— -distanz 55
— -strahl 54
Prinzip
  der virtuellen Verrückungen 102
—, Schnitt- 2

Querkraft 56ff., 62ff.
— -linie 66ff.

Rahmen 34
Räumliche Statik 20ff.
Reibung 113ff.
—, Seil- 122ff.
Reibungskoeffizient 114
Resultierende der Kraft 4ff., 12, 16ff.
—, Zwischen- 38
Ring 82
— -spannung 82
RITTERscher Schnitt 50ff.
Rolle 11

Schiefe Ebene 5, 94, 115ff.
Schlußlinie 38ff., 68, 79
Schnittkräfte 48, 66
Schnittprinzip 2, 47
Schraube 96, 120ff.
Schub-blech 56ff.

Schub-fluß 58, 63
—, Horizontal- 78
Schwerlinie 28
Schwerpunkt 26ff., 65
Seil 5ff., 86ff.
— -eck 17ff., 53ff., 67, 79
— -reibung 122ff.
— -strahl 40, 54
Skalar 3, 15, 93
Spannung 48, 53, 62ff.
—, Normal- 63
—, Schub- 62
—, zulässige 53
Stab
—, Diagonal- 56
—, Druck- 9
—, Null- 25
— -vertauschung 52
—, Zug- 9
Stabilität 103ff.
Stabilitätskriterium 103
Starrer Körper 3
Statische Bestimmtheit 13, 52
— Unbestimmtheit 13
Stütze 9
—, Pendel- 34
Stützlinie 78ff., 85ff.
Superposition 53, 72

Träger
—, Bogen- 39
—, Dreigelenk- 39
—, GERBER- 71
—, Krag- 42
—, Parallel- 53ff.
—, Schlepp- 42
—, Schubblech- 58
—, Zweigelenk- 39, 97
Trägheitsmoment 64

Vektor 3, 15, 93
— -addition 4ff.
—, Einheits- 7
Verformung 10
Verrückung, virtuelle 102

Widerstandsmoment 63
Wirkungslinie 3, 10ff.

MIX
Papier aus verantwortungsvollen Quellen
Paper from responsible sources
FSC® C105338

If you have any concerns about our products,
you can contact us on
ProductSafety@springernature.com

In case Publisher is established outside the EU,
the EU authorized representative is:
**Springer Nature Customer Service Center GmbH
Europaplatz 3, 69115 Heidelberg, Germany**

Printed by Libri Plureos GmbH
in Hamburg, Germany